Human Resource

Management in the Hospitality Industry

호스피탈리티 인적자원관리론

김의근 · 선동규 · 추승우 · 배금련
박선주 · 이철우 · 배소혜 공 저

백산출판사

머리말

본 교재를 저술하게 된 가장 큰 두 가지 이유로는,

첫째, 본서를 볼 때마다 1985년 미국의 대학원과정을 졸업할 때까지 동문수학하며 어렵게 지낸 학창시절을 잊지 않고 지난 시절을 다시 회상할 수 있는 기회를 가지고 싶은 마음에서 공동으로 저술하게 되었다.

둘째, 관광학부에서 환대산업 인적자원관리를 오랫동안 강의하면서 2, 3학년 학부생들의 눈높이에서 이해하기 쉬운 강의교재의 필요성을 느껴 그동안의 생각들을 본서에 담고자 노력하였다.

1) 관광관련 학부과정 2, 3학년 학생들의 눈높이에 맞추어 가장 기초적이고 기본적인 인적자원관리의 이론과 실무를 병행하여 저술하기 위해 노력하였으며,
2) 인적자원관리 과목에 대한 학생들의 흥미와 이해력을 높여주기 위해 가능하면 많은 그림과 표를 이용하고자 노력하였으며,
3) 졸업 후 환대서비스산업분야에서 근무할 때 실용적인 지식으로 활용될 수 있는 내용을 중심으로 보다 이해하기 쉽게 저술하고자 노력하였으며,
4) 최근 인공지능이 인간의 업무 전반을 대체하게 되면서 많은 직종이 위협받고 이를 우려하는 목소리도 커지고 있다. 예상치 못할 정도로 빠르게 변해가는 시대에 인공지능을 단순 우려의 대상으로만 볼 것이 아닌 협력·보완할 수 있는 방안을 모색하고자 노력하였다.

마지막으로 졸업 후 미래 환대서비스업계의 유능한 인재양성에 조금이나마 도움이 되고자 하는 바람으로 본서를 저술하였다.

그러나 본 교재가 기대했던 것보다 아직도 모자란 부분이 많기 때문에 부끄러

운 면도 많지만 앞으로 강의 시에 교재로 사용하면서 발견되는 부족한 점들을 지속적으로 보완하여 더 나은 교재가 될 수 있도록 노력하고 또한 학부생들의 눈높이에 맞춰서 인적자원관리의 새로운 이론과 실무들을 꾸준히 연구하여 이상적인 교재가 될 수 있도록 노력할 것을 약속드린다.

끝으로 본 교재의 출판에 관심을 가지고 도와주신 백산출판사 진성원 상무님, 김호철 편집부장님과 편집부 직원들에게 진심으로 감사의 마음을 전합니다.

저자 일동

차 례

제4장

직무관리

제5장

채용관리

제**6**장

인사고과
제도

제8장

인사이동

제9장

교육훈련
관리

제**11**장

인간관계
관리

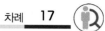

제1장

인적자원관리

제1장 인적자원관리

○ 제1절 인적자원관리의 전반적 이해

1. 인적자원관리의 개념

1) 정의

　일반 경영학에서의 인적자원관리(human resource management)란 조직이 필요로 하는 인적자원의 확보·유지·활용·개발을 위해 계획적이고 조직적으로 이루어지는 관리활동이다.

　이러한 정의를 바탕으로 하여 환대서비스기업의 인적자원관리를 정의한다면 직무수행에 적합한 서비스 정신(service mind)을 가진 인적자원의 채용, 활용, 교육훈련과 경력개발 및 보상 등과 관련된 관리계획을 수립, 관리, 조정, 통제하여 피드백(feedback)하는 활동이라고 할 수 있다.

　더불어 많은 환대서비스기업에서 현재 활용되고 있는 전략적 인적자원관리(strategic human resource management: SHRM)는 새로운 내·외부환경 변화에 적응하기 위한 가장 적합한 인적자원을 채용, 개발, 관리함으로써 조직의 경쟁력 증대와 목표달성을 극대화하고자 하는 인적자원관리활동이라고 할 수 있다.

　또한 기능별 자율성 부여, 계층별·직능별 교육훈련, 직급 간의 격차해소, 고용보장, 성과에 대한 보상 등과 같은 내용을 전략적으로 시스템화하여 경쟁력 증대와 조직의 목표를 효과적으로 달성하고자 하는 것이다.

　이러한 정의를 근거로 하여 인적자원관리의 흐름을 알아보면, 다음 [그림 1-1]과 같다.

| 그림 1-1 | **인적자원관리의 정의**

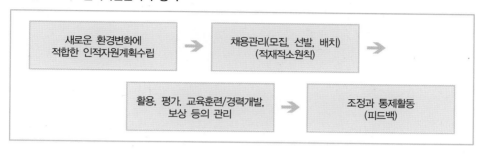

전략적 인적자원관리의 효율성 증대를 위해 조직 내의 각 부문별 기능에 따라 분업화가 잘 이루어진 서비스기업들이 탄생하게 되었다.

이러한 서비스기업들 중에서 가장 체계적으로 조직의 부문별, 기능별 분업화가 이루어진 대표적인 환대서비스기업이 호텔기업이라고 할 수 있기 때문에 본 교재에서는 환대서비스기업 중 호텔기업을 중심으로 알아보고자 한다.

더하여, 최근 우리나라에서 인공지능을 활용한 인적자원관리에 대해서도 알아보고자 한다.

2) 발전과정

인적자원관리의 개념은 영국의 산업혁명 이후에 처음으로 사용된 것으로 볼 수 있으나 이 시기는 인식단계로서 주로 생산지향적인 고용관리의 개념으로 사용되었다.

이러한 인식단계에서 시작되어 생성단계, 조정단계, 발전단계, 전환단계를 거쳐 최근에는 전략적 인적자원관리의 활용단계로 발전하게 되었다.

따라서 개념의 발전과정을 연대별로 구분하여 살펴보면 〈표 1-1〉과 같다.

| 표 1-1 | **인적자원관리 개념의 연대별 발전과정**

연대별	내용
19세기 말~제1차 세계대전	• 인식단계 • 인사관리의 중요성과 필요성 인식 • 생산지향적인 고용관리개념

연대별	내용
제1차 세계대전~1930년	• 생성단계 • 근대적 개념의 형성과 경영관리시기 • 사기와 근로의욕 고취를 위해 인사관리활동의 적극적 활용 • 생산과 경영관리지향적 관리개념
1930년대~제2차 세계대전	• 조정단계 • 메이요의 호오손 실험결과에 의해 인간관계론의 태동 • 와그너법(Wagner Act)에 의해 노동3권(단결권, 단체교섭권, 쟁의권)의 법적 지위 획득 • 조직과 구성원 간의 관계지향적 중요성 인식
1950년대~1970년대	• 발전단계 • 기술혁신 등에 의한 과학적 관리 • 사무관리의 자동화와 합리화, 팀워크, 리더십, 행동과학적 이론 등에 의한 경쟁력 강화 • 현대적 인적자원관리개념의 출현과 발전
1980년대~1990년대	• 전환단계 • 새로운 의식변화로 능력 위주의 인적자원관리 도입 • 새로운 환경변화에 대한 대처능력 제고 • 현대적 인적자원관리와 함께 전략적 인적자원관리 개념의 필요성 인식과 발전
2000년대~현재	• 전략적 인적자원관리 활용단계 • 새로운 환경변화에 대한 전략적 대응, 경쟁력 강화 및 비교우위 제고의 수단 • 전략적 인적자원관리 개념의 적극적 활용시기 • 인공지능을 활용한 인적자원관리의 보편화

위의 〈표 1-1〉에 근거하여 전반적 발전과정을 구체적으로 알아보면, 초기에는 원시적인 고용관리의 개념으로 주로 근태관리, 급여관리, 생산관리 등을 위한 문서관리 측면에서 관리되었다. 이 시기에는 점차적으로 인적자원관리의 범위가 다소 확대되었을지라도 초기에는 경영자와 구성원과의 관계를 종속관계로 보았기 때문에 각 기능별로 조정은 이루어지지 못하였다. 이는 구성원을 경영자산의 개념이 아닌 생산수단과 비용의 개념으로 보았다고 할 수 있다.

이러한 개념으로부터 발전한 현대적 인적자원관리 개념에서는 구성원을 조직의 중요한 자산으로 인식하게 되었으며 이들을 채용, 유지(교육훈련과 경력개발), 활용, 보상, 커뮤니케이션, 동기부여 등과 같은 관리과정에 중점을 두어 체계적이고 조직적으로 관리하기 시작하였다.

1990년대부터 전략적 인적자원관리(strategic human resource management)의 중요성이 강조되고 있는 이유는 조직 내·외부의 새로운 환경변화에 대한 대응전략, 경쟁력 강화와 전략적 비교우위를 이룰 수 있는 하나의 경영전략수단이 되었기 때문이다.

이러한 전략적 인적자원관리에서는 구성원을 두 가지 관점에서 보고 있다.

첫째, 조직경쟁력 관점

  조직의 자산, 조직의 가치증대요인, 조직경쟁력의 자원으로 보고 있으며,

둘째, 전략적 관점

  구성원의 능동적 특징, 잠재능력과 자질개발 가능성, 구성원의 효율적 관리 등으로 구분하고 있다.

| 그림 1-2 | **전략적 인적자원관리의 관점**

조직의 자산	조직경쟁력 관점	전략적 관점	구성원의 능동적 특징
조직의 가치증대요인			잠재능력과 자질개발
조직경쟁력의 자원			구성원의 효율적 관리

또한, 우리나라에서는 최근 4차산업혁명을 기반으로 하여 전략적 인적자원관리에 인공지능(AI)을 결합시켜 더욱 체계적이고 효율적으로 활용하고 있다. 우리나라는 [그림 1-3]과 같이 세계 10대 자동화국 중 2위로 선정될 만큼 인공지능을 전 산업분야에 활발하게 적용하고 있으며(출처:국제로봇협회(IFR)), 특히 최근 코로나19 사태로 인해 비대면 활동을 선호하게 되면서 인공지능 산업은 더욱 각광받게 되었다. 인공지능은 자율 주행 자동차, 산업용 로봇을 넘어 기업의 인적자원관리 분야에도 다양하게 활용되기 시작했다. 기업에서는 인재 채용을 위한 AI 면접, AI 역량검사 등에 인공지능을 활용하고 있으며, 나아가 기존 구성원의 업무

적성과 업무 배치, 승진 등 다방면에서 활용하고 있는 추세다.

| 그림 1-3 | 2019년 제조업 기준 로봇 밀도가 높은 국가 순위(출처:국제로봇협회)

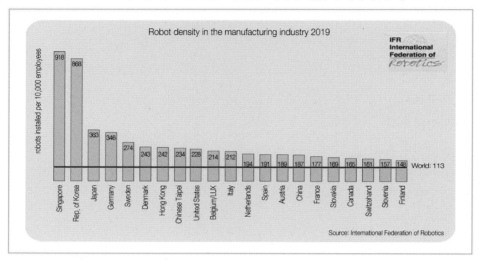

3) 목표

궁극적인 목표를 경제적 목표와 사회적 목표로 구분하여 아래와 같이 알아보면 다음과 같다.

(1) 경제적 목표

경제적 목표(economical goal)는 최소 또는 최적의 비용으로 최대의 효과(성과)를 얻는 데 있다.

그러므로 경제적 목표를 달성하기 위해 아래의 요인들을 적극 고려하여야 한다.

① 구성원의 효율성 증대
② 인건비의 최소화 또는 적정화 – 불필요한 직위와 직책의 폐지
③ 합리적인 채용관리 – 모집, 선발, 배치관리(적재적소의 원칙 적용)
④ 시설과 장비의 최적화
⑤ 잠재능력활용의 극대화 – 창의력과 경험발휘 등

(2) 사회적 목표

구성원의 사회적 욕구에 대한 기대를 충족시켜 조직목표와 구성원 개인의 목표가 서로 조화를 이루도록 하여 사회적 목표(social goal)를 달성하는 데 있다.

따라서 상호 간의 사회적 목표달성을 위해 아래의 요인들이 고려되어야 한다.

① 임금과 급여의 인상 – 생활수준 향상
② 근로시간 단축 – 여가와 취미시간의 적극 활용
③ 카페테리아식 복리후생 – 개인적 배려와 처우개선
④ 공정하고 합리적인 인사이동 – 공정한 대우와 조직경쟁력 강화
⑤ 책임과 권한의 위임 – 민주적 의사결정
⑥ 고용보장과 적정보상 – 자발적 이직의 효율적 관리
⑦ 동기부여, 리더십, 커뮤니케이션 – 호의적인 분위기 및 인간관계 조성

2. 인적자원관리의 목적과 중요성

영리를 추구하는 호텔기업경영의 3대 요소로서 3M을 들 수 있다. 3M이란 자본(money), 시설과 유형적 증거(material/physical evidence), 인적자원(manpower)을 말한다.

| 그림 1-4 | 호텔기업경영의 3대 요소

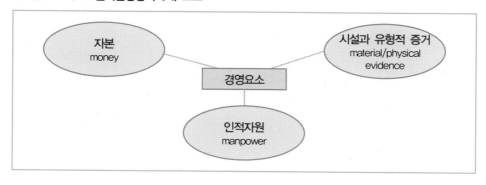

특히 호텔기업에서는 자본(money)이나 시설과 유형적 증거(physical evidence)도

중요하지만 인적자원(manpower)의 자질과 서비스역량이 호텔기업의 이미지와 수익성 증대에 커다란 영향을 미치기 때문에 공정하고 합리적인 인적자원관리 (human resource management)가 반드시 이루어져야 한다.

이처럼 호텔기업의 조직은 다른 산업의 조직에 비해 인적자원에 대한 의존도가 훨씬 높기 때문에 인적자원관리가 체계적이고 조직적으로 이루어져야 한다.

이러한 3가지 경영요소들을 고려하여 서비스기업에서 인적자원관리의 목적과 중요성을 알아보면,

1) 목적

① 목표달성을 위해 생산성과 경쟁력 향상을 도모하고,
② 상호이익을 위해 의견을 조정하고,
③ 원활한 인간관계 유지로 개성 및 인격을 존중하고,
④ 창의적, 발전적인 사고와 기술개발 등으로 성과를 최대화시키며,
⑤ 지속적으로 역량개발을 도모하는 데 있다.

| 그림 1-5 | **인적자원관리의 목적**

2) 중요성

시대적 욕구변화의 흐름을 파악하고 분석하여 체계적이고 합리적인 인적자원관리가 이루어지기 위해서 시대적 욕구변화의 요인들을 알아보면,

첫째, 라이프스타일(lifestyle)과 욕구(need)변화에 적합한 경력개발 및 직무개
  발과 관리
둘째, 불만(complaint)처리와 동기유발(motivation)

셋째, 직업(occupation)에 대한 가치관 변화

넷째, 기능의 전문화(specialization) 등

위와 같은 시대적 욕구변화 요인들을 파악하고 분석한 후에 잘 대처하여야 하는 이유는 인적자원관리가 호텔기업의 가장 중요한 경영요인이기 때문이다.

이러한 인적자원관리의 중요성을 3가지 관점 즉 조직 관점, 구성원 관점, 사회적 관점으로 구분하여 알아보면,

(1) 조직 관점(organization aspects)

인적자원관리의 합리화와 구성원 개인별 능력들이 호텔 기업의 전체 역량으로 통합될 경우에 경영성과를 극대화시킬 수 있다.

그러므로 합리적인 인적자원관리는 개인별 역량을 전체적 조직역량으로 통합시켜 조직목표를 효과적으로 달성하게 하는 중요한 역할을 한다.

구성원의 중요성에 대한 하나의 예를 들면, Marriott호텔의 창업자인 Bill Marriott는 간부사원 채용면접시험에서 모든 지원자들에게 '호텔기업조직에는 세 부류의 고객(구성원, 호텔이용고객, 투자자)이 있으며 호텔의 성과를 극대화하기 위해 이들 중 어떤 고객을 제일 중요하게 생각하고 관리하여야 하는가?' 하고 질문한 결과, 지원자들 대부분은 호텔을 이용하는 고객이 제일 중요하다고 대답하였다.

그러나 Bill Marriott는 호텔을 이용하는 고객도 중요하지만 보다 더 중요한 고객은 내부고객인 구성원들이라고 말하였다.

이는 호텔기업에 있어서 구성원의 중요성 인식과 그들에 대한 합리적이고 공정한 인적자원관리활동은 조직목표 달성과 직결된다는 것을 인식시키기 위한 질문이라고 할 수 있다.

즉 이 사례는 조직 관점에서 구성원 지향적 관리활동의 중요성을 의미하고 있다고 할 수 있다.

(2) 구성원 관점(employee aspects)

공정하고 합리적인 관리활동은 구성원들에게 일하는 보람을 느끼게 하고 합리적인 보상으로 인한 삶의 질적 향상과 자기계발로 인한 상향적 인사이동(승진)으로 사회적 존경과 자아실현의 욕구를 충족시켜줄 수 있다.

구성원 관점에서 인적자원관리가 중요한 이유로는

첫째, 조직기여에 대한 적절한 보상기대
둘째, 자기계발로 인한 역량 향상
셋째, 조직과 담당직무수행에 대한 만족도 등을 들 수 있다.

이처럼 구성원들이 가장 중요한 경영요소이기 때문에 그들의 다양한 욕구를 충족시킬 수 있는 공정하고 합리적인 인적자원관리가 이루어져야 한다.

(3) 사회적 관점(social aspects)

조직과 구성원과의 사이에 상호 최대만족관계가 존속될 때, 가장 이상적인 형평성을 유지할 수 있다고 볼 수 있다.

그러므로 합리적이고 형평성을 유지하는 인적자원관리는 구성원과 사회를 연결시키는 다리역할을 한다. 또한 고용안정과 고용창출로 인하여 사회적 역할에 일조할 수 있다.

이러한 사회적 역할이 곧 국가경쟁력의 원천이 되며 사회의 안정과 성장에 중요한 역할을 하고 있다.

| 표 1-2 | **인적자원관리의 중요성**

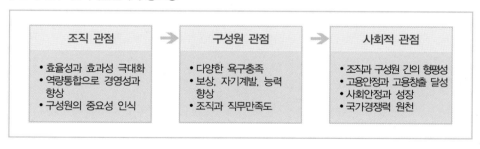

그러므로 합리적인 인적자원관리가 가장 중요한 이유는 인적자원(manpower)이 다른 경영요소인 시설·유형적 증거(material/physical evidence)와 자본(money) 관리의 효율성(efficiency)을 향상시킬 수 있는 중요한 요인이기 때문이다. 또한 모든 구성원들이 보다 인간적인 대우를 받는 풍토를 조성하여 맡은 직무에 대한 보

람을 가지고 자신의 능력배양과 직무수행능력을 최대한 발휘하도록 하면 조직목표달성과 개인욕구 충족 간의 형평성을 이룰 수 있기 때문이다.

그러나 최근에는 호텔기업 내 구성원들의 직무수행에 있어서 기계화·자동화 시스템(hotel information system) 사용의 한계성 때문에 구성원 부족현상에 대한 압력과 문제점이 한층 가중되고 있다.

이러한 상황을 미리 예측한 호워스 앤드 호워스(Horwath & Horwath)는 1988년 국제호텔협회에 제출한 '미래의 호텔업계'라는 보고서에서 향후 20년 또는 그 이후에는 호텔기업의 인적자원문제가 가장 심각한 현안 문제로 등장할 것이라며 이에 대한 전략적 대책수립을 촉구하였다. 이러한 예측은 미래의 호텔기업에서 인적자원관리의 문제가 경영관리상의 가장 큰 문제가 될 것임을 지적한 것이다.

이러한 문제점을 해결하기 위한 대책을 수립하기 위해 실제로 1980년대 후반부터 조직의 생존과 성장을 위해 인적자원관리를 전략적 차원에서 중시해야 한다는 의미에서 전략적 인적자원관리(strategic human resources management: SHRM)라는 용어가 사용되었다. 우리나라에서도 대부분의 호텔기업들이 생존과 성장을 위해 전략적 차원에서 경영혁신을 추구하고 있으며 이들의 경영혁신대상 중 인적자원관리 부문의 혁신이 중요한 내용이 될 정도로 전략적 인적자원관리의 중요성이 한층 부각되고 있다.

3. 인적자원관리의 기능

인적자원관리의 기능은 조직과 구성원과의 대인적 관계를 조직의 목적에 맞도록 합리적으로 구성하고 체계화하여 원활하게 운영하는 것을 의미한다.

따라서 이러한 기능을 세 가지 관계기능 즉 고용관계기능, 인간관계기능, 노사관계기능으로 구분하여 알아보면,

첫째 : 고용관계(employment relationship)기능
과거에는 구성원을 하나의 생산수단으로 고려하여 노동력을 최대한 효율적이고 효과적으로 활용하는 데 목적을 두었다.

그러나 현대에서는 경영자와 구성원 간의 관계가 주종관계에서 횡적관계로 발

전하여 지시가 아닌 협력 즉 민주적 고용관계하에서 주어진 직무를 수행하고 있다.

이러한 횡적관계 즉 민주적 고용관계는 노동력의 효율적 이용을 위한 능률화의 원리에 목적을 둔다.

둘째 : 인간관계(human relations)기능

인간적 감정의 주체인 구성원들이 고용계약에 의해 노동력을 조직에 제공하고 그 대가로 임금을 받는 것만으로는 만족하지 못하고 자신의 가치를 인정받고자 하는 것이다.

이와 같이 근로의 동기가 물질적에서 정신적 그리고 사회적으로 변화하고 있음을 볼 때, 이러한 동기변화에 따라 물질적 중요성에서 행동과학적 중요성으로 정비하고 개선·발전해 나가고 있다.

이러한 인간관계는 경영자와 구성원 간의 상호관계를 중요시하여 인간화의 원리에 목적을 둔다.

셋째 : 노사관계(labor-management relations)기능

노동력이라는 상품은 구매자(조직)와 판매자(구성원) 간의 매매계약에 의해 이루어지기 때문에 임금수준과 노동조건에서 항상 대립적인 관계에 있다.

이러한 노사관계는 경영자와 구성원 간의 대립적인 관계를 민주화의 원리에 의해 상호 간의 이해를 조정하고자 하는 데 목적을 둔다.

위의 인적자원관리 기능의 내용을 요약·정리하면 〈표 1-3〉과 같다.

| 표 1-3 | **인적자원관리의 기능**

관계	원리	목적	직무성격	비고
고용관계	능률화	노동력의 효율적 활용	상호협력관계	• 횡적관계 • 직능적 존재
인간관계	인간화	근로의욕과 가치인정	상호인간관계	• 행동과학적 중요성 • 사회적 존재
노사관계	민주화	이해조정 목적	민주적 노사관계	• 대립관계 • 정치적 존재

◯ 제2절 인적자원관리활동

1. 인적자원관리활동

1) 정의

인적자원관리활동(human resource management program)은 서비스기업의 목표를 달성하기 위해서 조직에 필요한 인적자원을 고용·유지·개발하기 위하여 체계적으로 관리하는 활동으로 정의할 수 있다. 이는 구성원의 채용계획과 확보에서 시작하여 이들의 효율적 활용과 유지, 보상과 개발에 이르는 모든 기능과 활동을 포함한다.

2) 계획수립 시 고려사항

환대서비스기업 중에서 보다 체계적이고 합리적으로 인적자원관리활동을 하고 있는 호텔기업을 중심으로 인적자원관리활동 계획수립 시에 고려해야 할 사항을 알아보면,

첫째, 하나의 조직체(organization)로서 경영목표를 달성하기 위해서 조직도상의 각 직무들을 명확히 하고(조직도와 조직관리),

둘째, 이들 각 직무들을 유기적으로 결합하여 상호직무들 간의 전체적 관련성을 객관적으로 규정하고(직무관리와 임금관리),

셋째, 각 직무에 적합한 인적자원을 채용하고 배치하고 관리하는 활동과정계획(채용, 고과, 교육훈련, 경력개발, 이동관리 등)을 들 수 있다.

3) 계획수립과정

계획수립과정에는 구성원의 모집, 선발, 배치, 직무수행, 인사고과, 인사이동, 징계, 이직관리까지의 제반 관리활동계획이 포함되어야 한다.

따라서 본 교재는 인적자원관리활동 계획수립과정을 보다 구체적으로 알아보기 위하여 다음 [그림 1-6]을 중심으로 알아보고자 한다.

| 그림 1-6 | 인적자원관리활동 계획수립과정

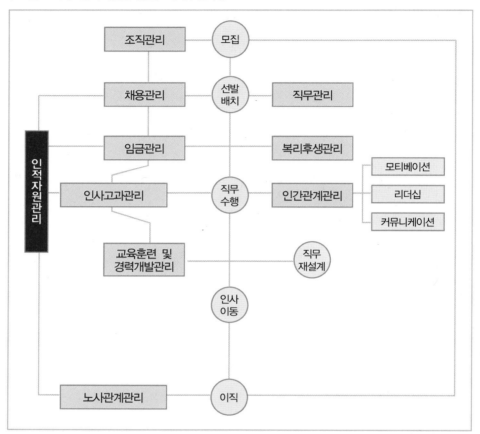

2. 전략적 인적자원관리활동

1) 개념

① 구성원을 조직의 자산개념
② 구성원을 조직의 투자개념
③ 구성원을 경쟁력 자원개념 등으로 보고 있다.

이러한 개념들은 인간중심적이고 가치중심적인 전략적 인적자원관리에 중요한
영향을 주는 요인들이다.

| 그림 1-7 | **전략적 인적자원관리의 개념**

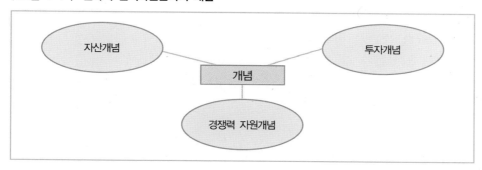

2) 전략수립 및 수행과정

(1) 전략수립과정

전략적 인적자원관리를 위한 활동계획을 수립하기 위해서는 먼저 아래의 환경
변화요인을 분석하고 파악하여야 한다.

가. 외부요인

㉮ 글로벌화와 개방화로 인한 치열한 경쟁
㉯ 경쟁기업과의 무한경쟁
㉰ 협력업체와의 공동체의식
㉱ 경쟁기업과의 기술협력
㉲ 사회, 정치, 경제, 기술, 법규 등

위의 외부요인들을 분석하여 기회요인과 위협요인을 파악하여야 한다.

나. 내부요인

㉮ 조직문화의 변화 - 연공보다 능력 중시

㉯ 구성원의 다양한 욕구수준 변화

㉰ 기술인력(영업관련)의 중요성 인식

㉱ 노조와의 상호협력관계

㉲ 상품력, 기술력, 자금력, 인적자원관리능력 등

위의 내부요인들을 분석하여 조직의 강점과 약점을 파악하여야 한다.

새로운 외·내부환경 변화요인들에 대한 전략적 분석과 대응책 수립 및 경쟁력 강화를 위해 물질적 자원보다는 체계적이고 합리적인 인적자원관리활동의 중요성을 인식하게 되었다.

따라서 외부와 내부환경의 요인들을 분석한 후 체계적으로 구성원 지향적인 인적자원관리활동 전략계획을 수립하여야 한다.

(2) 전략수행과정

전략수행과정은

① 필요로 하는 인적자원의 자격요건 설정

② 경쟁력제고를 위한 인적자원관리활동

③ 활동에 대한 성과분석 등의 과정으로 이루어진다.

따라서 인적자원관리전략은 크게 전략수립과정과 전략수행과정으로 이루어져 있으며 이는 외·내적 환경변화에 대한 효율적이고 효과적인 대응을 위해 중요한 경쟁력 제고의 수단으로 발전하였다.

이러한 전략수립과정과 전략수행과정을 다음의 [그림 1-8]과 같이 요약하여 알아보면,

| 그림 1-8 | **전략적 인적자원관리활동**

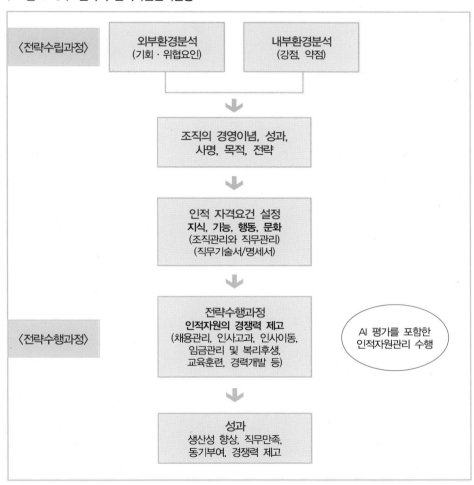

자료 : 이학종 공저, 전략적 인적자원관리, 도서출판 오래, p. 49, 저자 재구성

3. 인공지능을 활용한 전략적 인적자원관리활동

1) 인공지능 활용유형

기업 내 제품 생산 및 서비스 제공 과정에서 인공지능과 인간의 유기적 협력 방안을 모색하기 위해서는 인공지능과 인간의 영역을 구분하여 활용할 필요가 있다. 생산성을 높이고 보다 더 완벽한 품질과 서비스를 제공하기 위해 인공지능

으로 대체할 것인지 보완할 것인지를 결정하기 위해서는 인공지능의 활용유형을

① 대체·활용 유형
② 보완·활용 유형
③ 대체·탐험 유형
④ 보완·탐험 유형 등 4가지로 나누어 볼 수 있으며, 다음 〈표 1-4〉와 같다.

| 표 1-4 | 인공지능 활용유형

	정형적 문제해결 기존제품·서비스 효율화	비정형적 문제해결 신사업 및 신제품 발굴	AI중심 인간대체	AI와 인간협력
대체·활용 유형	○		○	
보완·활용 유형	○			○
대체·탐험 유형		○	○	
보완·탐험 유형		○		○

자료 : 박우성·양재완(2020) 인공지능 활용유형 참고하여 저자 재작성

2) 인공지능 활용유형별 전략

인공지능 활용유형별 전략은 기술전문성, 디지털 역량 등에 따라
① 전문가형 인재전략
② 융합형 인재전략
③ 기업가형 인재전략
④ 창의형 인재전략
등 4가지로 나눌 수 있으며 〈표 1-5〉와 같다.

| 표 1-5 | 인공지능 활용유형별 인적자원전략

전문가형 인재전략 기술전문성 (AI, 데이터) 대체·활용 전략유형	융합형 인재전략 디지털 역량 협업지성 보완·활용 전략유형
기업가형 인재전략 핵심인재 도전정신 대체·탐험 전략유형	창의형 인재전략 디지털 역량 창의적 사고 보완·탐험 전략유형

자료 : 박우성·양재완(2020), "인공지능 시대의 지속 가능한 인재관리 전략", Krorea Business Review 24(신년 특별호), 2020.1, pp. 189-209.

| 표 1-6 | **인공전략에 따른 인사 시스템**

구분	전문가형 인재전략	융합형 인재전략	기업가형 인재전략	창의형 인재전략
AI활용전략	대체-활용	보완-활용	대체-탐험	보완-탐험
채용	기술적 전문성, 성실성, 효율성 중시	융합역량, 유연성, 디지털 역량 중시	기업가 정신, 회복, 탄력성, 창의성 중시	창의성, 디지털 역량, 진취성 중시
교육훈련	직무에 제한 또는 관련 분야, 제한된 재원, 소수인원	디지털 역량, 직무 관련 분야, 많은 재원, 대다수 직원	소수정예, 광범위한 분야, 제한된 재원	디지털 역량, 광범위한 분야, 많은 재원
평가	판단 중심, 성과목표 달성 중시	개발 중심, 성과목표 달성 중시	판단 중심, 신기술 및 신사업 발굴 정도	개발 중심, 신기술 및 신사업 발굴 정도
보상	소수 인원에게 높은 보상, 성과목표중심	보통수준 임금, 성과목표중심	소수 인원에게 높은 보상, 신기술 및 신사업발굴 보상	상대적으로 높은 임금, 신기술 및 신사업발굴 보상
직무구조	인간과 AI 업무분리	유연한 직무구조	인간과 AI 업무분리	유연한 직무구조
구성원 참여	제한적 권한과 의사결정권	제한적 권한과 의사결정권	제한적 권한과 의사결정권	높은 수준의 권한과 의사결정 참여기회
인간고용 비율	낮음	높음	낮음	높음
AI와의 협업	일부 직위에서 높음	전반적으로 높음	일부 직위에서 높음	전반적으로 높음
개별업무협약 적용 유연성	높음	낮음	높음	낮음

자료 : 박우성 · 양재완(2020), "인공지능 시대의 지속 가능한 인재관리 전략", Krorea Business Review 24(신년특별호), 2020.1, 189-209.

스티븐 코비(S. Covey)의 성공하는 사람 7가지 습관

1. 자신의 삶을 주도하라 - 주도적이 돼라.

2. 목표를 확립하고 행동하라.

3. 소중한 것부터 먼저하라.

4. 상호이익(win-win)을 추구하라.

5. 경청한 다음 이해시켜라.

6. 시너지를 활용하라.

7. 심신을 단련하라.

토니 크램(Tony Cram)의 고객서비스의 크레센도(crescendo; 상승궤도)법칙

[고객서비스 기술의 8단계]

1. 사전인식단계

2. 첫인상관리 단계

3. 신뢰구축단계

4. 현실성 검증단계

5. 개별적 대우단계 - 고객의 왕

6. 서비스회복단계 - 시정

7. 서비스의 지속적 혁신단계

8. 마무리 터치단계 등

제2장

조직관리

제2장 조직관리

○ 제1절 조직관리의 전반적 이해

1. 조직의 정의

1) 정의

조직(organization)은 외·내부환경과 상호작용하며 조직의 목표를 달성하기 위한 2인 이상의 인적 집합체이며 의도적으로 구성된 사회적 체제이다.

또한 공식화된 분업체제와 통합구조 및 과정을 내포하며 지속적인 성격을 가지고 있는 사회적 단위라고도 정의하고 있다.

이를 근거로 하여 조직을 정의하면 공동의 목표를 가지고 있는 2인 이상 집단의 상호관계적 분업(division of labor)체제라고 할 수 있다.

보다 전문적인 기능이 요구되는 서비스기업에서는 조직 내 각 부문 간의 상호관계와 각 분업 자체의 장점을 효율적으로 활용함으로써 조직의 효율성을 증대시킬 수 있다.

조직 내 분업의 장점으로는

① 구성원의 숙련도와 작업속도의 증대
② 기능별 기술개발과 혁신가능성
③ 부문별 생산시설의 효과적 배치 및 운용
④ 구성원의 적재적소 배치 실현 등을 들 수 있다.

2) 학자별 정의

여러 학자들의 조직에 대한 정의를 살펴보면 〈표 2-1〉과 같다.

| 표 2-1 | 학자별 정의

학자명	정의
R. Daft	목표지향적이고 구조화된 활동체계이며, 유동적인 경계가 존재하는 구조
A. Etzioni	의도적으로 계획된 전달체제이며, 성과의 평가와 능률제고를 위한 사회적 단위이며, 조직구성원들의 인적자원관리에 활용(승진, 배치전환 등)되는 구조
S. Robbins	계획된 조정체계와 지속적인 상호작용이 이루어지며, 권한과 지위의 계층구조
P. selznick	공식적 목표가 존재하며, 합리적인 공식구조와 환경을 가지며 생명을 지닌 존재로 인식
M. Weber	조직은 경계와 목표가 존재하고 각 계층 간에는 분업구조가 지속적으로 존재하는 사회적 단위

2. 조직의 특성

조직(organization)은 다음과 같은 특성을 가지고 있다.

첫째, 조직목표 지향적 - 상호 간의 집단적 노력
둘째, 합리적이고 구조화된 활동체계 - 분업과 통합
셋째, 사회적 단위 - 개인과 집단으로 구성
넷째, 공식적 구조와 관리활동과정 포함
다섯째, 타 조직과의 경계 및 상호작용
여섯째, 조직규모의 지속적 변화 - 외·내부환경의 변화

| 그림 2-1 | **조직의 특성**

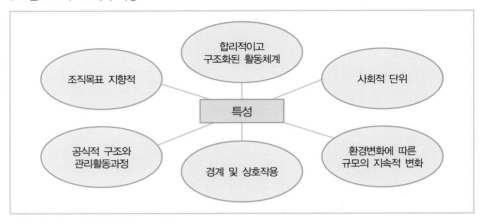

3. 조직관리의 정의와 과정

1) 정의

조직관리란 조직 내 구성원을 효율적으로 활용하여 조직의 목표달성을 위해 조직을 효율적으로 계획하고 관리하는 과정이라고 할 수 있다.

이러한 조직관리의 정의를 두 가지 관점 즉 인적자원관리 관점과 리더십 관점으로 구분하여 보다 구체적으로 알아보면,

(1) 인적자원관리 관점(aspects of human resource management)

인적자원의 모집, 선발, 배치, 인사고과, 교육훈련과 경력개발, 인사이동, 노사관계관리 등을 조직관리의 관점에서 보는 것을 의미한다.

(2) 리더십 관점(aspects of leadership)

조직관리자의 책임하에서 조직을 효율적으로 관리하는 것으로서 리더십과 연관된 조직관리 요소인 권한위임, 동기부여, 교육훈련, 커뮤니케이션, 평가와 비전 제시 등을 조직관리 관점에서 보는 것을 의미한다.

2) 과정

조직관리과정을 아래와 같이 4단계로 구분할 수 있다.

① 조직설계
② 조직개발
③ 조직평가
④ 조직배치 또는 조직재배치 등이 있다.

4. 조직관리의 변화와 발전과정

1) 변화

조직관리의 변화는 외부환경과 내부환경 변화요인들에 의해 많은 영향을 받고 있다.
외부환경 변화요인으로는

① 급변하는 국제적·국내적 환경변화
② 지식과 기술의 고도화
③ 급변하는 정보화 사회
④ 미래에 대한 불확실성 증대 등을 들 수 있다.

내부환경 변화요인으로는

① 직무의 표준화(standardization)와 단순화(simplification)
② 고도의 전문화(specialization)
③ 각 부문별, 기능별 자율성증대 등을 들 수 있다.

이렇게 다양한 외·내부 요인들에 의해 야기되는 조직관리의 변화에 신속한 대응을 위해 관리자들은 위의 변화요인들을 지속적으로 분석하여 적극적으로 대처하여야 한다.

2) 이론적 발전과정

이론적 발전과정으로는 경영관리적 관점에서의 과학적 관리론, 고전적 관리론, 관료제론 등을 들 수 있으며, 인간관계적 관점(인간관계이론과 행동과학)과 상황적 관점(시스템이론, 상황이론)으로 발전하였다.

이 장에서는 경영관리적 관점에서 조직관리의 발전과정을 알아보고, 인간관계적 관점과 상황적 관점의 조직관리는 제11장 제2절 "인간관계관리"에서 기술하고 있다.

| 그림 2-2 | **조직관리의 이론적 발전과정**

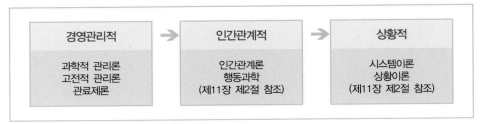

(1) 경영관리적 관점

경영관리적 관점의 대표적인 학자로는 프레드릭 테일러(Frederick W. Taylor), 헨리 페이욜(Henri Fayol), 막스 베버(Max Weber) 등을 들 수 있다.

이들 학자들이 주창한 이론을 아래와 같이 알아보면 다음과 같다..

가. 프레드릭 테일러(Frederick W. Taylor)의 과학적 관리법

근로자의 태업을 방지하기 위해 도입한 개념으로서 핵심내용으로는

㉮ 동작과 시간연구
㉯ 작업표준화와 과업할당
㉰ 차별적 성과급 등을 들 수 있다.

나. 헨리 페이욜(Henri Fayol)의 고전적 관리론

테일러의 과학적 관리론과는 달리 최고경영자의 입장에서 경영관리 즉 계획, 조직, 지휘, 조정, 통제의 관리활동을 정립하였다.

이러한 효율적 관리활동을 위해 다음의 〈표 2-2〉와 같이 페이욜은 경영관리적 관점에서 14가지 주요원칙과 목적을 제안하였다.

| 표 2-2 | 페이욜의 주요원칙과 목적

원칙	목적
분업(division of labor)	전문성과 효율성 증대
권한(authority)	책임부여
규율(discipline)	조직규율 준수
명령일원화(unity of command)	보고체계의 일원화
지휘일원화(unity of direction)	지휘체계의 일원화
조직목표에 대한 개인복종 (subordination of individual to the organization goal)	조직 전체의 목표에 대한 개인적 이해
보상(compensation)	공정한 보상
집권화(centralization)	상위계층으로의 권력과 권한 집중
계층화(scalar chain)	직위의 계층화
질서(order)	체계적 관리와 배치
공정(equity)	공정성 유지
안정(stability)	안정적 근무의 지속성
주도권(initiative)	주도적 역할의 권리부여
단결(esprit of corps)	팀워크(teamwork)와 단결력

다. 막스 베버(Max Weber)의 관료제론

전문성을 가진 관리자가 합리적으로 조직을 지배하는 지배구조를 추구하였다. 이러한 지배구조에서는 관리자의 지배원천으로 전통적 권한, 카리스마적 권한, 합리적이고 합법적인 권한으로 구분하고 있으나, 베버의 관료제론에서는 합리적이고 합법적인 권한을 지배원천으로 보고 있다.

관료제론(합리적이고 합법적인 권한)의 특징으로는

㉮ 과업의 분업화와 전문화
㉯ 직위에 따른 계층화
㉰ 합리적이고 공정하게 표준화된 업무
㉱ 비인격적이고 비개성적인 인간관계
㉲ 능력에 의한 선발, 배치 및 경력개발 등을 들 수 있다.

이상과 같이 테일러, 페이욜, 베버 등의 학자들은 조직관리를 이론화하였으나 경영관리적 관점에서의 조직관리연구에 너무 치중하여 인간 자체 즉 인간행동중심에 대해서는 반영하지 못했다는 비판을 받았다.

이러한 비판으로 인간관계적 관점과 상황적 관점의 연구가 여러 학자들에 의하여 이루어졌다.

(2) 인간관계와 상황이론

제11장 제2절에서 기술하고 있다.

5. 조직관리의 영향요인

조직관리에 영향을 미치는 요인들을 [그림 2-3]과 같이 알아보면,

| 그림 2-3 | **조직관리의 영향요인**

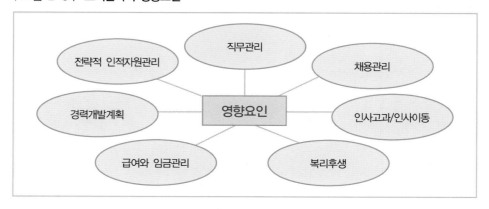

첫째, 전략적 인적자원관리

전략적 인적자원관리(strategic human resources management: SHRM)의 개념이 도입되어 서비스 기업의 전략과 인적자원관리의 연계성이 강조됨과 동시에, 이는 경영의 기본적 사고와 전략의 기본이 되며 정신적 지주인 경영철학과의 연계성도 강조되고 있는 추세이다.

이러한 인적자원관리의 전개방향, 제도 및 기법의 도입이나 개선과 설계가 인적자원관리의 대내외적 환경과 기업의 경영전략과도 연계하여 조직관리가 이루어지도록 하고 있다.

둘째, 직무관리

직무관리(job management)는 직무의 합리화를 기하고자 하는 사무혁신운동이 활발히 전개되고 있어 불필요하고 무의미한 작업절차와 과정이 배제됨으로써 구성원들에게 보다 합리적이고 혁신적으로 직무를 수행토록 하여 자아실현이나 성취감을 얻을 수 있도록 하는 활동이다.

셋째, 채용관리

공정하고 합리적인 채용관리(employment management)를 위해 선발도구의 합리성과 타당성에 대한 관심이 높아지면서 적성검사 등과 같은 선발도구의 개발에 힘을 쏟고 있다.

신규 서비스사업분야의 조직에 필요한 인적자원확보를 위한 방안으로

㉮ 사내공모제도
㉯ 사내기업가제도 - 창업지원제도
㉰ 사내벤처제도를 도입하는 조직들이 늘어나고 있다.

그리고 이직하는 구성원의 충원과 다각화 전략의 성공적 추진을 위한 인력확보를 위해 위의 확보방안과 계약제도 등을 활용하여 조직을 관리하고 있다.

넷째, 인사고과

구성원 평가의 신뢰성과 타당성을 높이기 위해 인사고과(personnel rating) 평가요소의 구체화 작업이 이루어지는 한편, 이러한 평가요소들이 조직의 경영전략

및 철학과 연계되도록 하는 노력이 이루어지고 있다.

이를 위해 고과양식을 조직의 직군·직급에 따라 세분화시키고 고과자 교육의 강화를 위해 조직관리하고 있다.

다섯째, 경력개발계획

다양한 가치관을 가지고 자율성을 중시하는 신세대의 등장으로 인해 다양한 경력경로를 설정하여 개인의 적성과 능력·희망에 따라 적절한 조직경로를 선택할 수 있도록 하는 사례들이 증가하고 있다.

이러한 경력개발(career development)을 위해 전문직과 관리직의 이원화 방안이 연구소를 중심으로 나타나고 있으며, 조직의 국제화와 다각화에 따라 다기능적이고 적응성·유연성이 높은 인재를 양성해야 할 필요성을 인식하여 상호 다른 부문 간의 로테이션과 폭넓고 다양한 교육을 하고 있다. 이러한 경력들이 승진·배치전환과 연계되어 조직관리가 이루어지고 있다.

여섯째, 급여·임금관리

임금관리(wage management)체계의 합리화를 통해 임금의 공정성 확립 노력이 이루어지고 있으며, 직무급·직능급·연공급 등 임금산정기준의 명확화를 기하려고 노력하고 있다.

이러한 임금관리체계의 합리화를 위하여 조직관리가 이루어지고 있다.

일곱째, 복리후생

최근 많은 직장인들의 관심사가 된 워라밸(work and life balance: 일과 삶의 균형)과 같이 구성원들의 다양한 가치관을 충족하기 위해 개인의 상황과 선호에 따라 선택할 수 있는 카페테리아 스타일(cafeteria style)의 복리후생이 이루어지고 있다. 기술혁신과 더불어 출·퇴근시간을 자유롭게 선택할 수 있는 시차출근제, 1일 또는 1주 근무시간을 자유롭게 정하는 선택근로제, 집에서 근무하는 재택근무제, 사무실이 아닌 장소에서 모바일 기기를 이용해 근무하는 원격근무제가 가능해지고 있으며, 특히 코로나 19로 인한 거리두기 체계에 따라 최근에는 재택근무제, 원격근무제 등이 더욱 활성화되고 있는 추세이다. 또한 장기근속자에게 일정 기간의 휴가를 주는 리프레시(refresh) 휴가제를 시행되는 등 다양한 복리후생 프로그램을 통해 구성원의 업무 만족도 및 효율성을 향상하기 위한 노력이 이루어지고 있다.

● 제2절 호텔조직의 다양화 요인과 추세

1. 호텔조직의 다양화 요인

호텔조직(hotel organization)들은 다음과 같은 요인들에 의해 다양화되어 있다.

1) 입지(location)

도심지, 교외, 휴양지, 공항, 항구, 역전, 고속도로변 등

2) 서비스 형태(type of service)

풀서비스(full service), 셀프서비스(self service), 카운터서비스(counter service) 등

3) 객실수(number of room)

150실 이하, 150~299실, 300~599실, 600실 이상 등

4) 소유 형태(type of ownership)

개인사업자, 법인사업자, 합작투자 등

5) 경영방식(method of management)

① 독립경영(independent)
② 체인호텔(chain)
③ 프랜차이즈(franchise)
④ 경영대리(management contract)
⑤ 조인트벤처(joint-venture)
⑥ 임차(lease)
⑦ 준자율적 집단(referral group) 등

6) 경영자의 배경과 교육수준(background & education level of management)

| 그림 2-4 | **호텔조직의 다양화 요인**

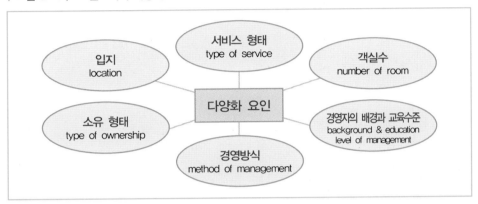

2. 호텔조직의 특성

1) 직계조직

라인조직(line organization)으로서 이는 군대식 조직이며 각 구성원들은 직속상사의 지휘명령만 따르고 그에 대해서만 책임을 지는 조직 형태로서 이를 일원적 지휘명령체계라고도 한다.

이러한 직계조직은 일반적으로 중·소규모 호텔에서 많이 사용되고 있는 형태이다.

2) 기능조직

각 부문별로 담당기능을 전문화하여 각 부문별 관리자로 하여금 그 직무들을 지휘하고 감독하게 하는 조직 형태로서 이 기능조직(functional organization)은 과학적 관리법의 아버지인 테일러(Frederick W. Taylor)가 태업과 직계조직의 결함을 시정하기 위해 창안한 조직으로서 테일러조직이라고도 한다.

이러한 기능조직은 직계조직과 함께 호텔기업에서 사용되고 있는 조직의 형태이다.

3) 고객접촉 여부에 따른 조직

고객접촉(guest contact) 여부에 따라 고객접촉부서(front of the house)와 비고객접촉부서(back of the house)로 구분하는 조직 형태이다. 고객접촉부서는 고객과의 직접 접촉이 이루어지는 부서로서 객실, 식음료, 연회 등과 같은 영업부문을 말하며, 비고객접촉부서는 고객접촉부서의 지원부서로서 관리부문인 총무, 인사, 구매, 경리와 조리부서 등을 말한다.

4) 수익발생과 비용발생에 따른 조직

수익(revenue)발생조직은 고객과의 직접 접촉으로 호텔수익을 올리는 데 직접 기여하는 영업부문이며, 비용(expense)발생부서는 호텔수익과는 관계없이 영업부서를 지원하는 관리부문 등이 이에 속한다.

5) 직무책임에 따른 조직

담당직무에 대해 책임을 지는 조직 형태로서 영업부문에서는 객실부서(front, uniformed service, guest relation, pbx, housekeeping 등)와 식음료부서(outlets, banquet, cooking) 등의 맡은 직무에 대한 책임을 지는 조직 형태이며, 관리부문(총무, 인사, 구매, 경리, 안전 등)에서도 맡은 직무에 대한 권한과 책임을 지는 조직 형태이다.

| 그림 2-5 | **호텔조직의 특성**

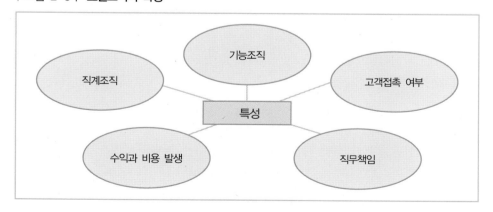

3. 호텔조직관리의 추세

최근 호텔조직은 다양화 요인과 특성 등을 고려하여 부문별, 부서별 역할과 담당직무를 강화하는 추세에 있다.

1) 영업부문별 특성화

도심지의 대규모 호텔조직들은 식음료영업에 치중하는 경향이 있으나, 중·소규모 호텔 즉 비즈니스호텔들은 객실영업에 치중한다.

그 이유는 대규모 호텔조직은 객실부문 매출의 한계성을 극복하기 위하여 브랜드인지도 등을 이용하여 특성화된 식음료 부문의 매출증진을 위한 영업전략을 수행한다.

이와는 대조적으로 중·소규모 호텔들 중 일부는 특성화와 차별화된 객실영업을 위해 소규모 고품격 호텔인 부티크(boutique)호텔 등으로 특성화하여 최근에 론칭(launching)하고 있다.

2) 지배인제도에 의한 조직화

지배인제도(manager system)는 소유주 또는 경영자를 대신하여 영업에 관한 모든 사항들을 지시하고 감독하는 책임자 제도로서 해당부서 내 직무수행에 관한 모든 권한과 책임을 지배인에게 위임해주는 조직관리 형태이다.

3) 판촉부서의 조직강화

경쟁호텔조직과의 치열한 영업경쟁우위를 차지하기 위해 판촉부서(sales department)의 조직을 강화하고 있다.

판촉부서의 조직강화방법으로는

첫째, 판촉부서를 독립부서로 운영하는 방법과
둘째, 객실판촉과 연회판촉을 분리해서 운영하는 방법이 있다.

최근 규모가 큰 호텔일수록 고객유치를 위한 경쟁력 제고와 공격적인 마케팅

활동을 위해 판촉부서 조직강화에 매우 적극적인 움직임을 보여주고 있다.

4) 기획심사부서(planning & coordinating department)의 강화

총지배인에게 중요한 참모로서의 역할을 수행하는 부서로서 미래지향적인 사고로 장·단기 영업계획과 예산수립, 영업활동의 관리, 통제, 경영분석, 심사업무 등을 강화시키고 있다.

5) 표준화된 매뉴얼(standard manual)

효율적인 직무관리를 위해서는 직무분석과정을 통해 얻어진 직무기술서상의 직무별 내용을 표준화하여 능률적으로 업무가 수행될 수 있도록 조직을 설계해야 한다.

항상 표준화된 서비스를 제공하기 위하여 서비스 매뉴얼을 명문화하여 지속적인 교육훈련이 실시되도록 설계해야 한다.

6) 업무분장(separation of functions)의 명문화

직무위치에 따른 직무내용과 직무수행에 관한 매뉴얼을 작성하여 타 부서의 업무와 중복되지 않도록 명문화하여야 한다.

이와 같이 업무수행과정의 비효율성을 제거하고 효율성을 최대화하기 위해서는 명문화된 업무분장이 필요하다.

7) 인공지능을 활용한 업무 효율성 향상

기업에서는 인공지능 챗봇(chatbot)을 활용해 구성원의 업무수행 시간을 절약하고, 방대한 데이터를 통하여 정확성 및 효율성을 높이고 있다. 인공지능의 기업에서의 역할은 다음과 같다.

① 개인 비서 역할 지원 : 일정 관리, 협력업체 연락망, 업무 추진도 등을 저장하고 알려주는 개인 비서로서의 역할을 담당한다. (예 : 삼성 빅스비, 애플 시리, 구글 어시스턴트 등)

② 사내 업무 지원 : 사내 조직 관리, 규정, 업무 프로세스 등 업무 중 궁금한 내용을 즉시 답해주는 역할을 함으로써 업무의 효율성 및 만족도를 향상시킨다.

③ 고객 서비스 지원 : 고객의 일반적인 문의, 예약 정보, 자주하는 질문 등 다소 간단한 정보들을 챗봇이 고객에게 직접 답하는 역할을 한다. 챗봇은 축적된 데이터를 활용해 답하는 인공지능화를 통해 즉각적인 답변으로 고객 만족도를 향상시키는가 하는 한편 기업 구성원의 업무량은 줄여 업무 효율성과·만족도 향상에 도움이 되기도 한다.

| 그림 2-6 | **아시아나항공 챗봇 서비스**

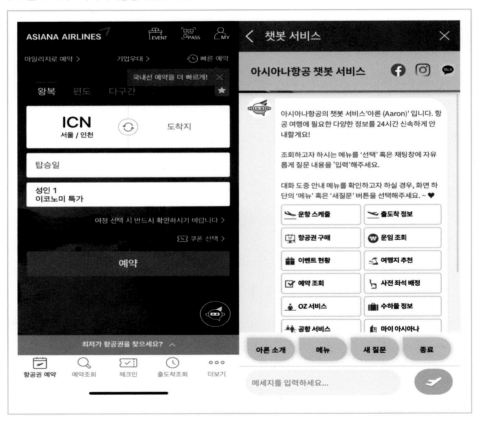

[그림 2-6]과 같이 아시아나항공 챗봇 서비스는 운항 스케줄, 출도착 정보뿐만 아니라 항공권 구매, 여행지 추천, 수화물 정보 등을 제공해준다. 이는 고객이 홈페이지나 앱(app)을 일일이 클릭하며 찾아보지 않아도 챗봇 서비스를 통해 간편하게 물어보고 안내받을 수 있다.

| 그림 2-7 | 서울대학교 AI 학사정보 서비스

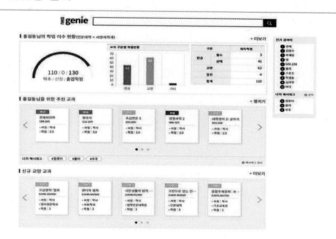

출처: 동아일보(https://www.donga.com/)

[그림 2-7]과 같이 AI 서비스는 챗봇에 국한되지 않고, 체계적인 업무지원도 하고 있다. 서울대학교는 3억여 개의 학사 정보 데이터를 기반으로 AI 학사정보 서비스인 '스누지니'를 구축하고, 학생들이 교직원에게 문의할 내용들을 대신 검색할 수 있도록 함으로써, 업무량을 대폭 줄여줌과 동시에 신속한 궁금증 해소로 인한 학생들의 만족도도 향상시켰다.

| 그림 2-8 | 로봇서비스 도입으로 룸서비스, 서빙 등 직원의 업무량 경감

출처 : https://www.globalsources.com/

| 그림 2-9 | **조직(호텔)관리의 추세**

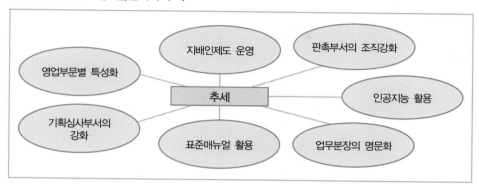

4. 호텔조직도

1) 조직도

조직도(organization chart)는 공식적 조직구도로서 조직 내에서의 계층별 직위, 역할 및 책임 및 각 기능과의 관련성 등을 보여주는 표이며 또한 경영자와 조직구성원들에 의해 수행되는 여러 직무의 흐름표이다.

일반적으로 호텔조직은 라인(line)과 기능(function)조직의 혼합 형태로 구성되고 라인은 직급과 직위에 의해 이루어져 있으며, 기능은 관리부문과 영업부문의 기능으로 구성되어 있다.

중·소규모 호텔 조직도를 살펴보면 [그림 2-10]과 같다.

| 그림 2-10 | **중·소규모 호텔 조직도**

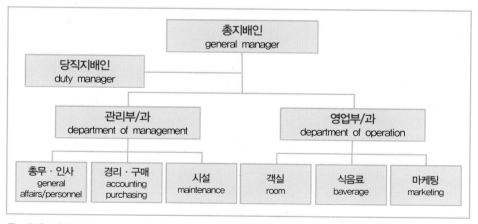

주: 호텔조직의 입지와 특성에 의해 조직도는 변동될 수 있음

2) 대규모 호텔 조직도상의 직위 및 부서별 업무

(1) 총지배인(general manager) / 부총지배인(executive assistant manager)

호텔조직 내의 모든 관리 및 영업 업무를 총괄, 지휘, 감독하는 최고경영자이다. 부총지배인은 총지배인의 제반 업무를 보좌하는 역할을 한다.

| 그림 2-11 | 대규모 호텔 조직도

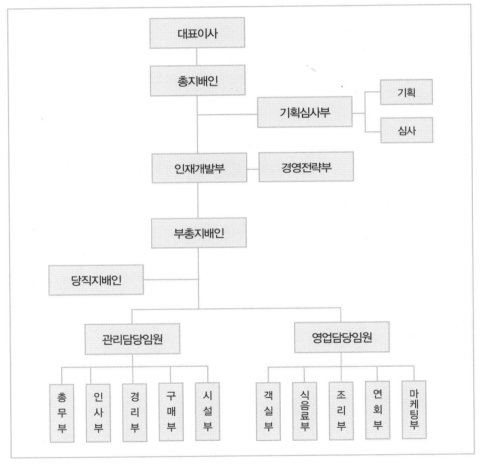

관리부문		영업부문	
부서	과	부서	과
인사부	인사, 교육, 보험	객실부	예약, 프런트데스크, 교환, EFL, 유니폼 서비스, 객실관리, 피트니스 센터 등
총무부	총무, 복리후생, 안전		
구매부	구매, 창고	식음료부	식당, 음료서비스
경리부	경리, 수납, 여신, 관재		
시설부	기계, 전기, 설비	조리부	조리1과, 조리2과
인재개발부	인재개발, 육성 및 관리	연회부	예약, 연회서비스
기획심사부	기획 · 심사	마케팅부	판촉, 홍보

최근 국내 · 외 여러 업계에는 인공지능 개발부서가 생겨나고 있는 추세다.
– AI 역량검사, AI 화상면접 프로그램 개발
– 직원 교육, 매뉴얼 등 업무관리 프로그램 개발
– 빅데이터 / 인공지능 기반 서비스 개발 등

(2) 당직지배인(duty manager)

총지배인 또는 부총지배인 직속으로 모든 영업장과 관련된 사항과 고객관련 업무처리, 고객불평사항 등의 업무를 수행하는 관리자이다.

총지배인의 부재 시에는 총지배인의 역할을 대신하여 담당하고 처리한 업무를 보고한다.

(3) 인사부(department of human resource management)

인적자원의 채용부터 이직까지 전반적인 인적자원관리과정, 교육업무 및 보험 등을 담당하는 부서이다.

(4) 총무부(department of general affairs)

조직 및 구성원과 관련하여 업무환경(안전, 복리후생 등) 전반에 걸쳐 기획하고 실행하며, 물품 및 시설 등을 담당하는 부서이다.

(5) 구매부(department of purchasing)

영업에 관련된 모든 식 · 음재료들의 발주, 검수, 입고, 저장, 출고를 담당하는 부서이다.

(6) 경리부(department of accounting)

회계, 수납, 여신업무 등과 같은 자금관리를 담당하는 경리과와 호텔의 재산과 비품을 관리하는 관재과로 구성되어 있다.

(7) 시설부(department of maintenance & security)

기계, 전기, 설비 등 전문분야별로 구성되어 있으며, 호텔 내의 모든 기계, 전기, 설비 등의 시설관련업무를 담당하는 기능부서이다.

(8) 인재개발부(department of human resource development)

신입 및 기존 직원 대상 연수, 각종 직무과정 운영, 네트워킹 프로그램, 내부 커뮤니케이션 등을 담당하는 부서이다.

(9) 기획심사부(department of planning and coordinating)

총지배인의 직속부서로서 경영계획에 대한 기획업무와 각 영업장별 영업분석, 원가관리와 비용통제 등의 심사업무를 담당하는 부서이며 기획부서와 심사부서로 구성되어 있다.

(10) 객실부(room division)
객실부의 조직은 객실영업(front office)과 객실관리(housekeeping)로 구성되어 있다.

가. 객실영업

프런트 데스크(front desk), 예약 및 교환(reservation & pbx), 유니폼서비스(bell, door service), 비즈니스센터(business center), GRO(guest relation officer), 귀빈층(executive floor) 등으로 구성되어 있다.

나. 객실관리

객실관리와 정비, 공공장소 청소 및 관리, 세탁실 등으로 구성되어 있다.

(11) 식음료부(department of food & beverage)

고객에게 식사와 음료를 판매하는 부서로서 모든 레스토랑(restaurant), 주장 (bar), 커피숍(coffee shop), 룸서비스(room service), 엔터테인먼트(entertainment) 등의 영업장으로 구성되어 있다.

(12) 조리부(culinary department)

조리부는 고객에게 제공하는 모든 음식을 준비하는 부서로서 메인키친(main kitchen), 찬 음식을 준비하는 콜드키친(cold kitchen), 그리고 각 식당업장(한, 중, 일, 양식 등) 내의 키친담당, 주방기물과 은기물의 세척과 관리 시에 전문기술이 요구되는 기물관리(steward) 등의 조리1과와 제과, 제빵, 육류의 손질과 정확한 양 (portion)을 준비하는 부쳐(butcher) 주방관리인 조리2과로 구성되어 있다.

(13) 연회부(department of banquet)

연회부는 연회예약과 연회과로 구성되어 있으며, 연회행사(약혼식, 결혼식, 가족모임 등), 세미나, 컨벤션, 콘퍼런스 등의 예약, 행사준비 및 진행을 담당하는 부서이다.

(14) 마케팅부(department of marketing)

호텔상품(객실, 식음료, 연회 등)을 판매하는 판촉부서와 호텔의 홍보를 담당하는 부서로서 홍보실로 구성되어 있다.

일본전산 이야기

나가모리 시게노부 사장이 지방의 조그마한 업체에서 대기업을 이길 수 있었던 비결을 요약하면 뚝심경영과 별난 시험으로 삼류인재를 채용하여 세계 초일류 기업과의 경쟁에서 승리하였다.

나가모리 시게노부 사장의 경영 노하우는

1. 시도하지 않는 것보다 중간에 흐지부지 그만두는 것이 더 좋지 못하다.

2. 신입사원은 살벌한 실전에 배치시켜라.

3. 지적인 하드워킹을 하라.

4. 실력이 없으면 남보다 두 배로 일하라.

5. 끝까지 포기하지 않는 것이 부전승이다.

이러한 경영 노하우로 장기불황 속에서 10배의 성장을 이룬 성공적인 경영사례이다. 회사 설립 30년 만에 계열사 140개, 직원 13만 명을 거느린 매출 8조 원의 기업으로 성장하였다.

첫인상의 중요성(Primacy Effect: 초두효과)

서비스조직에서 첫인상은 고객에 따라 차이가 있지만 심리학자들에 의하면 6초 안에 결정된다고 한다. 이는 6초 안에 느끼는 첫인상이 서비스직원에 대한 평가나 서비스조직의 이미지를 좌우할 수 있다는 것을 의미한다. 미국의 심리학자 앨버트 멜라비안(A. Mehrabian)에 의하면 첫 만남에서 상대에 대한 판단은 55%의 호감(외모), 38%의 목소리, 7%의 이야기 내용으로 결정된다고 한다. 왜냐하면 외모와 목소리는 외향적 이미지와 느낌을 나타내기 때문이다.

또한 〈매혹의 기술〉의 저자는 매혹적인 첫인상을 만드는 3요소로 지성, 신뢰, 친근감을 꼽았다.

제3장

인적자원계획

인적자원계획

● 제1절 인적자원계획의 전반적 이해

인적자원계획(human resource planning)을 인사계획(personnel planning) 또는 인력계획(manpower planning)이라고도 한다.

경영계획은 인적자원, 재무, 생산, 마케팅, 판매, 구매, 투자계획 등으로 구성되어 있으며 이들 계획 중에서 가장 중요한 계획이 인적자원계획이다. 인적자원계획이 중요한 이유는 구성원에 대한 의존도가 매우 높은 서비스산업이기 때문이다.

1. 인적자원계획의 개요

1) 정의

인적자원계획(human resource planning)의 정의는 현재 또는 미래의 각 시기에 조직에서 필요로 하는 인적자원을 양적차원에서 사전에 예측하고 결정하며 이를 충족시키기 위해 조직 외·내부로부터의 인적자원의 수급상황, 배치전환, 인사이동, 이직 등을 관리하기 위한 계획을 말한다.

2) 필요성

서비스기업 간의 경쟁이 치열해짐에 따라 대응을 위한 적정규모의 조직과 합리적인 인적자원계획의 필요성이 증대하고 있다.

따라서 현재의 인적자원상황과 미래의 조직구조변화 등에 대한 전략적 대책으로서 인적자원계획의 필요성을 인식하게 되었다.

2. 인적자원계획 수립 시 환경요인

인적자원계획 수립 시에는 우선적으로 조직 외부 환경요인(기회·위협)과 내부 환경요인(강점·약점)들을 분석하여 계획을 수립하여야 한다.

외·내부 환경요인들은 〈표 3-1〉과 같다.

| 표 3-1 | 인적자원계획 수립 시 환경요인

외부환경요인	내부환경요인
경제적	조직구조의 변화
기술적	전략적 경영전략의 변화
정보화	의사결정과정의 변화
사회·문화적	조직구조와 직무구조의 개편
정치·법률적	인적자원의 내부수급상황

1) 외부환경요인

외부환경(external environment)요인으로 경제적 환경, 기술적 환경, 정보화 환경, 사회·문화적 환경, 정치·법률적 환경 등을 들 수 있으며 이들 외부환경요인들의 변화를 우선적으로 분석한 후 인적자원계획을 수립하여야 한다.

(1) 경제적 환경(economic environment)

경제적 상황에 의해 조직의 규모와 범위가 확대되기도 하고 축소되기도 하기 때문에 경제적 환경변화에 따라 인적자원에 대한 수요와 공급의 상황이 달라질 수 있다.

따라서 인적자원계획은 경제적 환경에 따라 그 성격과 범위도 변하기 때문에 필요로 하는 인적자원의 유형과 필요인원의 수도 변동되어야 한다.

그러므로 경제적 환경의 변화를 예측하여 인적자원계획을 수립하지 않으면 인적자원의 수급에 어려움을 겪을 수 있다.

(2) 기술적 환경(technical environment)

기술의 발전은 기존의 직무와 기술을 도태시키고 새로운 직무와 기술의 출현과 함께 기술적 발전을 가져오고 있다.

그러므로 기술적 환경의 변화에 대한 사전예측을 통하여 새로운 특정직무에 대한 인적자원의 수요예측이 이루어져야 한다.

(3) 정보화 환경(informational environment)

정보기술(information technology)은 일상적인 직무를 전산시스템화함으로써 기존의 여러 직무들을 통폐합시키고 있다.

따라서 정보기술을 취급하는 새로운 직무의 출현으로 기존 직무 담당자들의 새로운 기능요건의 변화 등을 고려하여 인적자원의 수요예측이 이루어져야 한다.

(4) 사회·문화적 환경(social & cultural environment)

사회·문화적 환경의 변화는 조직 내 특정 직무에 대한 선호도에 영향을 미쳐 인적자원의 수요예측에도 영향을 미치고 있다.

(5) 정치·법률적 환경(political & legal environment)

각종 규제의 신설, 완화 또는 철폐는 영업활동을 위축시키기도 하고 활성화시키기도 한다.

따라서 이러한 정치·법률적 환경변화 역시 인적자원계획의 중요한 외부환경요인으로 작용하고 있다.

2) 내부환경요인

내부환경(internal environment)에 영향을 미치는 요인으로는

① 조직구조의 변화

② 전략적 경영전략의 변화

③ 의사결정과정의 변화

④ 조직구조와 직무구조의 개편

⑤ 인적자원의 내부수급상황 등을 들 수 있다.

이러한 내부수급상황은 인적자원들의 승진, 배치전환, 퇴직, 사직, 해고, 휴직 등에 의해서도 영향을 받는다.

호텔기업을 중심으로 인적자원계획 수립 시에 영향을 미치는 내부환경요인을 알아보면,

| 그림 3-1 | **호텔기업의 내부환경요인**

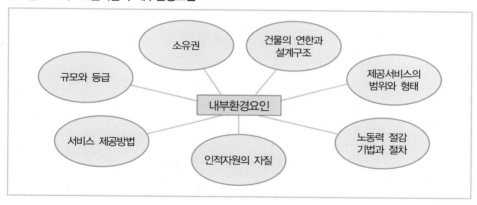

(1) 규모와 등급(size and grade)

유형적 증거(physical evidence)인 건물규모 즉 객실 수, 레스토랑의 수와 시설 수준 등에 의해서 호텔의 등급(특1급, 특2급, 1급, 2급, 3급 등)이 결정된다.

따라서 호텔의 규모와 등급수준은 인적자원계획 수립에 영향을 미친다.

참고로 2015년에 기존의 등급체계에 국제기준을 도입하여 아래 〈표 3-2〉와 같이 변경되었다.

| 표 3-2 | 호텔등급체계 및 표시변경

현행 등급표시	변경(2015년부터)
특1급(금색바탕 무궁화 5개)	별 5개
특2급(녹색바탕 무궁화 5개)	별 4개
1급(무궁화 4개)	별 3개
2급(무궁화 3개)	별 2개
3급(무궁화 2개)	별 1개

(2) 소유권(ownership)

소유권자의 호텔경영에 대한 기본적인 마인드(mind)에 따라 인적자원계획의 구성도 달라질 수 있다.

예를 들면 대기업 소유의 대규모 호텔기업들은 비교적 대규모 조직으로 전문가에 의해 위탁운영되고 있지만, 개인이 직접 경영하는 독립경영호텔은 소유권자 개인의 생각에 의해 비교적 소규모 조직으로 운영되고 있다.

(3) 건물의 연한과 설계구조(age and layout)

현대적이고 실용성 위주의 설계로 건축된 호텔은 영업의 효율성과 경제성을 최우선으로 하여 건축되기 때문에 건축연수가 오래된 호텔보다는 적은 인력으로 운영할 수 있다.

또한 건물이 오래된 호텔은 비실용적 설계구조로 인하여 인력운영의 어려움과 함께 비경제적이다.

(4) 제공서비스의 범위와 형태(range and type of services)

제공서비스의 범위와 형태에 따라 인적자원의 수와 조건 등이 영향을 받는다. 일반적으로 규모가 큰 호텔에서는 식음료시설이 다양하고 여러 형태의 고객서비스가 제공되기 때문에 많은 인적자원이 필요하게 된다.

(5) 서비스 제공방법(service method)

서비스 제공방법과 인적자원의 기능숙련도에 따라 크게 영향을 받는다.

말하자면 식음료서비스의 제공방법 즉 풀서비스(full service), 셀프 서비스(self service), 카운터 서비스(counter service)는 기능숙련도 등에 의해 필요한 인적자원의 수에 다양하게 영향을 미친다.

(6) 인적자원의 자질(quality of staff)

생산성은 인적자원의 질적 수준에 의해 좌우되는데, 특정한 수준의 시설과 서비스를 제공하기 위해서는 질적 수준에 의해 필요인원의 수가 결정될 수 있기 때문이다.

이러한 질적 수준의 차이는 기본적인 마음가짐, 동기부여 및 지속적인 교육훈련 등과도 밀접한 관계가 있다.

(7) 노동력 절감기법과 절차(method and procedure of manpower reduction)

직무수행과정의 표준화(standradization), 단순화(simplification), 전문화(specialization)에 의한 노동력 절감효과 등은 인적자원의 수에 영향을 미칠 수 있다.

또한 전문하청업체와 물품공급업체들을 조직의 특수 목적에 활용함으로써 인적자원의 수에 영향을 미칠 수 있다.

호텔기업의 인력수요 변화는 연간, 주간 그리고 하루 중에도 발생할 수 있기 때문에 이러한 변화에 대한 대응으로 일용·임시·시간제 인적자원을 고용하여 적절하게 활용하기도 한다.

3. 인적자원계획 수립의 3차원

인적자원계획 수립의 3차원 즉 전략적 차원, 관리적 차원, 기능적 차원으로 계층별로 구분할 수 있다.

이러한 3차원의 내용을 요약하면 다음의 〈표 3-3〉과 같다.

| 표 3-3 | 인적자원계획 수립의 3차원

계층별	내용	담당자
전략적 차원	경영환경변화에 대한 적응대책과 전략적 인적자원계획 수립	최고경영자
관리적 차원	전략적 인적자원계획의 수행과 하위인적자원의 활용과 배치	중간/감독관리자
기능적 차원	각 기능별 직무수행	하위구성원

4. 인적자원소요계획 수립과정

인적자원소요계획 수립은 [그림 3-2]와 같이 수요예측, 공급예측, 그리고 수요와 공급의 균형을 고려하여 수립되어야 한다.

| 그림 3-2 | 인적자원소요계획 수립과정

1) 수요예측

수요예측(demand forecast)을 위해서는 먼저 인적자원의 수급에 대한 환경분석이 우선적으로 이루어져야 하며 이를 근거로 하여 어떠한 자질을 가진 인적자원이 언제, 얼마나 필요할 것인가를 추정하는 수요예측이 이루어져야 한다.

이러한 수요예측은 정량적 수요예측(양적)과 정성적 수요예측(질적)으로 이루어진다.

(1) 정량적 수요예측(양적)

인적자원의 직무별 인원수를 파악하는 활동으로서 정량적 수요예측의 기준요인으로는

① 생산성(produtivity)
② 기술수준(level of the technology)
③ 작업조건(condition of works)
④ 인적자원의 능력(ability of human resource)
⑤ 동기부여수준(level of the motivation) 등을 들 수 있다.

이러한 기준요인들을 근거로 소요인력을 예측하는 방법으로는 추세분석과 회귀분석으로 나눌 수 있다.

가. 추세분석(trend analysis)

인적자원의 수요에 밀접한 관계를 가진 위의 기준요인들 중에서 하나를 선정하여 선정된 요인과 수요 간의 관계가 과거에 어떠한 추세로 전개되었는가를 분석해봄으로써 미래의 인적자원수요를 예측하는 기법이다.

이러한 수요예측기법은 수요의 기준요인들이 일정하게 유지된다는 것을 전제조건으로 하고 있으며, 단기적이며 개략적으로 인적자원의 수요를 예측하는 데 활용되고 있다.

나. 회귀분석(regression analysis)

인적자원의 수요예측결정에 영향을 미치는 다양한 요인들의 영향력을 계산하여 미래의 수요를 예측하는 기법이다.

이 분석기법은 현재의 자료를 통해 미래를 보다 과학적으로 예측할 수 있게 해

주는 장점이 있으나, 산술공식 도출에 필요한 과거의 자료가 있어야 하고 또한 설명될 수 있는 위의 기준요인들과 인력수요 사이에 유의한 상관관계가 존재할 때 이 분석기법이 활용될 수 있다.

(2) 정성적 수요예측(질적)

전문적인 식견을 지닌 전문가가 자신의 경험과 직관적인 판단에 의존하여 인적자원의 정성적 수요를 예측하는 방법이다.

이러한 수요예측은 주관적이며 주로 비공식적으로 이루어진다.

정성적 분석기법으로는 델파이기법과 명목집단기법으로 나눌 수 있다.

가. 델파이기법(delphi method: 전문가 예측방법)

특정문제에 있어서 다수 전문가들의 의견을 종합하여 미래의 수요상황을 예측하고자 하는 방법으로서 여러 전문가들이 예측한 내용에 대해서 익명성을 보장하고 이를 다시 특정 전문가에게 그 예측내용을 제공하여 수정·보완하게 함으로써 전체적인 예측치를 도출해내는 방법이다.

다수의 전문가들이 한 장소에 모이지 않아도 결과를 얻을 수 있으며, 전문가들 상호 간의 영향력을 배제할 수 있다는 장점이 있다.

다만, 많은 시간이 소요되고 응답전문가에 대한 통제력이 결여된다는 단점이 있다.

나. 명목집단기법(nominal grouping technique)

서로 다른 분야에 종사하고 있는 사람들을 명목상의 집단으로 간주하여 그들의 아이디어를 문서로 받음으로써 익명성을 보장하여 반대논쟁을 극소화하는 방식으로 문제해결을 시도하는 기법이다.

장점은 타인의 영향력을 받지 않고 독립적으로 수요예측을 생각해볼 수 있으며 의사결정에 소요되는 시간이 길지 않다는 것이다.

단점은 한 번에 한 문제밖에 처리할 수 없다는 것이다.

2) 공급분석

공급분석(supply analysis)은 수요예측에서 파악된 인적자원들을 조직의 내부와 외부에서 어떻게 확보할 것인가에 대한 분석이다.

이러한 공급분석의 궁극적 목표는 수요와 공급의 균형을 유지하는 데 있다.

첫째, 수요가 공급보다 클 경우(수요 > 공급)

적극적인 구인활동과 구성원에 대한 교육훈련 강화와 적극적인 경력개발을 시행하여야 한다.

둘째, 공급이 수요보다 클 경우(수요 < 공급)

불필요한 구성원에 대해서 구조조정을 통한 정리작업을 시행하여야 한다.

공급분석을 내부공급분석과 외부공급분석으로 구분하여 살펴보면 다음과 같다.

(1) 내부공급분석

내부공급분석(internal supply analysis)은 조직내부에서 공급될 수 있는 인적자원을 예측하기 위해서는 우선적으로 현재 구성원들이 보유하고 있는 기술과 역량 등의 질적인 측면을 분석하여야 한다.

이러한 내부공급분석에 유용하게 활용될 수 있는 자료로는

① 관리자목록
② 기능목록
③ 대체도
④ 마코브체인 모형(Markov chain model) 등이 있다.

가. 관리자목록(management inventory)

관리자목록은 관리자들을 대상으로 필요한 아래의 모든 정보를 내부 인사정보시스템에 입력하여 승진과 배치전환 등의 관리자 관리에 활용하기 위한 내부공급 정보자료이다. 또한 관리자의 직무적합성 여부에 대한 정보를 정확히 찾아내기 위한 도구이기도 하다.

이 관리자목록에 포함되어야 할 내용으로는

㉮ 직무수행경력과 경험
㉯ 학력 및 교육적 배경
㉰ 개인별 장단점의 평가
㉱ 경력개발의 필요성
㉲ 승진가능성
㉳ 인사고과 결과에 의한 직무성과
㉴ 직무수행상의 전문분야
㉵ 선호직무
㉶ 선호 근무지역
㉷ 경력경로설정
㉸ 예상 정년퇴직일자
㉹ 개인별 신상정보사항 등을 들 수 있다.

나. 기능목록(skill inventory)

일명 기술목록이라고도 하며 이는 하부구성원을 대상으로 아래의 정보내용들을 내부 인사정보시스템에 기록·입력시켜 하부 구성원의 승진과 배치전환 등에 활용되는 내부공급 정보자료를 말한다.

이 목록에 포함되어야 할 내용으로는

㉮ 개인별 신상정보사항
㉯ 직무수행경험
㉰ 업무관련 전문기술 및 지식
㉱ 사내교육훈련(OJT) 이수현황
㉲ 인사고과현황
㉳ 경력목표 설정 등을 들 수 있다.

다. 대체도(replacement chart)

특정직무가 공석인 경우에 누구를 후임으로 투입할 것인가를 미리 파악할 수 있도록 나타낸 도표이다.

즉 구성원들의

㉮ 연령

㉯ 성과 수준

㉰ 승진가능성 등을 시각적으로 표시한 도표이다.

라. 마코브체인 모형(Markov chain model)

마코브체인 모형은 다양한 의사결정문제에 유용하게 활용될 수 있는 모형으로서 현재의 특정한 상태에서 다음 상태로의 변화를 예측하기 위해 전이 확률표(transition matrix)상의 확률값을 이용하여 확률적 예측을 하는 모형이다.

이 모형은 확률값을 활용하여 시간의 흐름에 따른 개별 구성원들의 직무이동확률을 파악하기 위한 것으로서 내부공급시장의 안정적 조건하에서 구성원들의 승진, 이동, 이직 등의 일정비율을 적용하여 미래인적자원의 변동을 예측하는 방법이다.

(2) 외부공급분석

외부공급분석은 외부시장상황에 크게 영향을 받기 때문에 수급상황 등을 고려하여 공급을 분석하여야 한다.

외부공급분석의 요인으로는

① 대학졸업자의 수

② 경쟁업체상황

③ 자발적 지원자의 수

④ 인구구조

⑤ 경제활동인구

⑥ 실업률

⑦ 산업별, 직종별 고용동향 등을 들 수 있다.

3) 수요와 공급의 균형(수요 = 공급)

인적자원의 효율적 운용을 위해서는 수요와 공급이 균형을 이룰 때가 가장 이상적인 형태라고 할 수 있다.

그러나 3D업종으로 인식되고 있는 서비스기업에서는 수요와 공급의 불균형이 야기되고 있다. 이러한 불균형으로 영업직은 공급부족 상황, 관리직은 공급과잉 상황에 놓여 있다.

(1) 공급부족상황에 대한 대책으로는

① 초과근로활용
② 임시직 고용(기간계약과 시간제 활용)
③ 파견근로자 활용
④ 아웃소싱(outsourcing) 등을 들 수 있다.

(2) 공급과잉상황에 대한 대책으로는

가. 직무분할제

하나의 풀타임직무를 둘 이상의 파트타임직무로 전환시키는 제도이다.
이 제도의 효과로는

㉮ 현재의 인적자원 활용에 대한 유연성 제고
㉯ 직무의 적용범위와 지속적 유지 가능
㉰ 기능과 경험 폭의 확대
㉱ 다양한 목적의 팀(team)구성으로 조직목표 달성 등을 들 수 있다.

나. 조기퇴직제도

정년 전에 퇴직하도록 권유하여 인력과잉과 인사정체현상을 완화하고자 하는 제도이다.
이 제도의 효과로는

㉮ 인사정체현상의 해소

㉯ 충원을 위한 유연성 증가

㉰ 조직활성화 기여

㉱ 인건비 절감효과 등을 들 수 있다.

그리고 문제점으로는

㉮ 유능 구성원의 조기퇴직

㉯ 노사 간의 불신과 갈등 야기

㉰ 비윤리적 행위비난

㉱ 주인의식과 소속감 약화 등을 들 수 있다.

다. 다운사이징(downsizing: 조직규모축소)

경쟁력 제고를 위한 조직규모 축소계획에 의거하여 인적자원을 감축하고자 하는 계획이다.

이 제도의 효과로는

㉮ 인건비 감축

㉯ 신기술도입으로 인력수요 감축

㉰ 인수합병

㉱ 국내에서 해외로의 이전 등을 들 수 있다.

라. 정리해고

경영합리화계획에 따라 구성원을 감축하거나 구성형태를 변경하기 위해 행하여지는 해고형태이다.

이러한 정리해고는 반드시 「근로기준법」에 명시된 요건과 정해진 절차에 따라 행하여져야 한다.

◯ 제2절 **정원관리**

1. 정원관리의 정의

앞으로 기대되는 조직규모의 변동을 예측하고 이러한 규모변동에 따른 조직구조를 예상하고 설계한 다음, 조직이 필요로 하는 예상인적자원의 수를 계획하고 관리하는 정원관리는 인적자원관리계획에 있어서 매우 중요한 관리과정이다.

정원(fixed number)이란 조직의 경영능률의 향상과 인건비 절감 등을 고려한 인적자원계획에서의 직종별, 직무별, 직급별로 필요한 적정 인원수를 말한다.

정원관리(management of fixed number)란 직무수행을 위해 필요한 적정 인원수를 결정하여 그 필요 인원수를 선발·배치하고, 결원이 생겼을 경우에는 부족인원을 보충하며 또는 외·내부 환경변화에 대응하기 위해서 정원에 대한 타당성을 검토하여 효율적 직무수행을 위해 필요한 최적의 적정인원을 유지·관리하는 활동이다.

2. 정원관리의 중요성

급변하는 외·내부 환경에 신속히 대응하기 위해 경쟁력 향상, 조직기능의 활성화와 직무수행능력개발 등의 효율적 관리가 이루어져야 한다.

따라서 합리적인 정원관리가 중요한 이유로는

① 인건비 상승과 부담액 증가에 대한 효율적 관리
② 조직규모의 확대, 매출증대, 관리내용의 복잡화 등에 따른 전체 정원의 증가 또는 간접부문 정원의 증가 억제
③ 모집, 선발, 배치전환 및 직무관리상의 장애요인 제거 등을 들 수 있다.

만약 정원보다 부족한 경우에는 과로로 인한 사고와 고객서비스의 품질저하 등 장기적으로는 노동생산성을 저하시킬 수 있으며 불평·불만 증대와 사기저하

를 초래할 수 있다.

이와 반대로 정원보다 많은 경우에는 인건비 상승과 조직경쟁력을 약화시킬 수 있기 때문에 합리적인 정원관리가 반드시 이루어져야 한다.

3. 정원계획 수립

정원계획(planning of fixed number)은 계획된 직무수행을 위해 필요한 구성원의 규모 즉 양적인 측면에 중점을 두고 있으며, 이 계획은 조직의 예산계획을 근거로 하여 수립되어야 한다.

정원계획 수립 시의 고려요인으로는

① 인건비 절감
② 소수정예주의의 실현
③ 근로조건의 개선 등을 들 수 있다.

4. 정원의 종류

정원의 종류(types of staffing)로는 조직정원, 법정정원, 설비정원, 정책정원과 비례정원 등이 있다.

| 그림 3-3 | **정원의 종류**

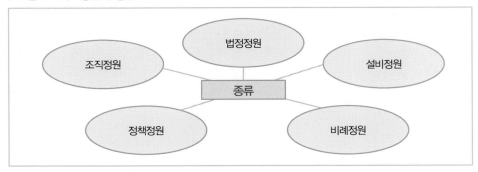

[그림 3-3]의 정원 종류별 개념을 알아보면 다음과 같다.

1) 조직정원(fixed number of organization)

조직도가 결정된 후에 부서별·직위별로 책정되는 정원을 말한다.
(부서별 부장, 과장, 계장, 사원 등)

2) 법정정원(legal fixed number)

법령에 의해 정해지는 정원으로 법령의 개정 또는 폐지가 없는 한 고정적인 정원을 말한다.
(영양사, 예비군 중대장, 간호사, 환경관리기사 등)

3) 설비정원(fixed number of facility)

기계설비와 시설을 운영하는 데 필요한 정원을 말한다.
(운전기사, 전화교환원 등)

4) 정책정원(fixed number of policy)

경영정책, 전략, 관행 등 경영자의 경영의지에 따라 결정되는 정원을 말한다.
(감사, 임원, 비서, 신설직무수행을 위한 task force team 등)

5) 비례정원(proportional fixed number)

직무량에 비례하여 결정되는 정원을 말한다.
(측정한 직무량에 비례하여 정원산정)

5. 정원산정 시 고려사항

정원(standard fixed number)산정 시에 고려해야할 사항으로는

① 수행해야 할 직무의 양과 품질수준

② 조직이 추구하는 전문성(객실, 식음료 또는 연회 등)

③ 시설과 설비의 효율적 관리

④ 직무수행방법(서비스방법과 절차 등)

⑤ 자질과 능력 등을 들 수 있다.

위의 사항들을 고려하여 조직의 효율적 운영을 위해 정원을 책정하는 계획을 정원계획(planning of standard fixed number)이라고 한다.

6. 정원산정방법

정원을 산정하기 위한 방법으로는 거시적 방법, 미시적 방법과 직무분석에 의한 방법으로 분류할 수 있다.

| 표 3-4 | **정원산정방법**

거시적 방법	미시적 방법	직무분석에 의한 방법
인건비율 매출액 부가가치 소득분배율 손익분기점 회귀분석	직무수행상태 분석 과거실적기록	정원기준 설정 직무별 정원산정

1) 거시적 방법

이 방법은 전사적 수준에서 정원을 결정하는 방법으로서 분석요인으로는 조직의 지급능력, 부가가치 및 인건비용 등이 이용되고 있다.

이 방법은 사무관리직의 정원산정에 적합하다.

(1) 인건비율에 의한 산정방법

이 방법은 1인당 인건비용, 매출액과 인건비율을 기초로 하여 정원을 산정하는 방법이다.

> 정원 = (매출액 × 인건비율) / 1인당 평균인건비

(2) 매출액에 의한 산정방법

이 방법은 1인당 매출목표와 일정기간 매출액을 기준으로 정원을 산정하는 방법이다.

> 정원 = (매출액 / 1인당 매출목표)

(3) 부가가치목표액에 의한 산정방법

이 방법은 부가가치목표액을 기준으로 하여 1인당 부가가치목표액을 설정하고 이를 기준으로 하여 정원을 산정하는 방법이다.

> 정원 = (부가가치목표액 / 1인당 부가가치목표액)

(4) 소득분배율에 의한 산정방법

이 방법은 1인당 평균인건비, 부가가치목표액, 구성원에게 분배되는 소득분배율을 기준으로 정원을 산정하는 방법이다.

> 정원 = (부가가치목표액 × 소득분배율) / 1인당 평균인건비

(5) 손익분기점에 의한 산정방법

이 방법은 전년도 매출손익분기점과 인건비율을 산출하여 최종적으로 정원을 산정하는 방법이다.

> ① BEP 매출액 = 고정비 / (1 - 변동비 / 매출액)
> ② BEP 인건비율 = 인건비 / BEP 매출액
> ③ BEP 정원 = (매출액 × BEP 인건비율) / 1인당 평균인건비

(6) 회귀분석에 의한 산정방법

이 방법은 과거의 영업실적분석과 인력수급상황을 파악하여 추세선을 근거로 미래의 정원을 산정하는 통계분석방법이다.

이는 안정된 조직에 적합한 방법이다.

2) 미시적 방법

이 방법은 직무분석에 의한 직무수행상태 분석방법과 과거실적기록에 의한 방법 등으로 직무를 과학적으로 분석하고 평가하여 총 소요인원을 산출하는 방법이다.

이는 직무특성, 빈도, 단위당 소요시간, 표준작업량 등을 산정기준으로 한다.

(1) 직무수행상태 분석방법

이 방법은 어떤 시점의 직무수행상태를 단편적으로 관측하여 직무수행상태와 휴무상태가 어떻게 배분되어 구성되어 있는가를 통계적 수단을 활용하여 조사하는 방법이다.

(2) 과거실적기록에 의한 방법

이 방법은 과거 일자별로 생산량을 기록하여 실제작업량과 표준작업량을 통계적인 방법으로 비교하여 직무수행의 성과(즉 생산성)를 판정하는 방법이다.

3) 직무분석에 의한 방법

하나의 조직이 관리하는 직무의 종류, 질, 양 등을 과학적으로 분석하고 평가하여 직무의 내용과 구성원의 자격요건 등을 파악하여 부서별·직무별 소요인원을 산정하는 방법이다.

이는 소요인원을 질과 양적으로 판단하여 산정한다.

(1) 직무분석에 의한 정원산정

이 방법으로 정원을 산정하기 위해서는 표준근로시간과 휴무시간이 먼저 설정되어야 한다.

표준근로시간은 1년 365일 중 1일 8시간 근무를 기준으로 하여 당해 연도의 법정공휴일과 휴일을 제외한 토요일 근무시간을 감안하여 실제 근무한 일수와 시간을 산출하는 방법이다.

(2) 직무별 정원산정

직무별로 직무조사표에 의거 직무수행의 소요시간을 일 단위, 주 단위, 월 단위, 분기 단위, 연 단위 등으로 구분하여 시간을 산정하여 정원을 산출하는 방법이다.

> 직무별 정원 = (근로시간 + 휴무시간) / 1인당 표준근로시간

4) 거시적 · 미시적 방법의 한계성

(1) 거시적 방법의 한계성

적정 인건비용의 범위 내에서 고용이 가능한 인원수이므로 생산성과 관계없이 이 범위를 초과하는 경우는 인정하기 어렵다.

그래서 이 방법은 필요 인원수가 현실적으로 미달되는 한계성이 있다.

(2) 미시적 방법의 한계성

이 방법은 현시점의 직무를 기준으로 분석하여 정원을 산정하기 때문에 이는 일정기간이 경과한 뒤에 결과가 도출되므로 미래경영여건의 동태적 상황을 고려하기 어려운 한계성이 있다.

장영신 자서전 'Stick to it'

우리나라 최초의 여성 CEO인 장영신 회장의 자서전 'Stick to it, 힘내, 포기하지마' 중에 마음에 와 닿는 차례 내용을 보면 다음과 같다.

1. 원하는 것을 이루고자 한다면 힘내, 포기하지마.

2. 스펙보다 정직한 노력이 멀리 간다.

3. 남자처럼 생각하고 여자처럼 일한다.

4. 성공을 꿈꾼다면 자기 자신부터 경영하라.

5. 여자들이여, 남자의 방식으로 겨루지 말자.

6. 리더로 성공하고 싶다면 존경받는 리더가 되라.

앞으로 리더가 되고자 하는 여성들에게 숨은 꿈과 열정을 일깨워주는 책이다.

데일 카네기 저 '카네기 성공론'

행복한 일상을 찾는 일곱 가지 방법

1. 평화, 용기, 건강, 희망에 대한 생각으로 가득 채워라. 생각이 곧 인생을 만들기 때문이다.

2. 보복하지 말라. 적에 대한 보복은 오히려 자기 자신에게 많은 상처를 주게 될 뿐이다.

3. 행복을 발견하는 방법은 보답을 기대하지 않는 것이다.

4. 고민거리의 수 대신 행복의 수를 헤아려라.

5. 다른 사람을 모방하지 말라. 자기 자신을 찾아라. 질투는 무지로부터 오고, 모방은 곧 자살행위이기 때문이다.

6. 운명이 나에게 레몬을 선사한다면 그것으로 레몬주스를 만들어라.

7. 다른 사람의 행복을 위해 노력함으로써 자신의 불행을 잊어라. 다른 사람에게 도움이 될 때, 나는 나 자신에게 최상의 도움이 된다.

제4장

직무관리

직무관리

◯ 제1절 **직무관리의 전반적 이해**

1. 직무관리의 정의

　최근에는 서비스기업들의 대형화와 체인화로 인하여 보다 복잡한 조직구조를 가지게 됨에 따라 새로운 직무들이 생겨나고 있다. 이러한 새로운 직무에 대한 직무적합성 여부와 효율성을 체계적으로 분석, 조정하고 통합하여야 한다.

　직무(job)란 직무수행 중에 책임지고 담당하는 일이며, 한국 표준직업분류에 의하면 직무란 '직업분류의 통계단위이며 개별인적자원에 의해서 수행되거나 수행되도록 설정된 일련의 업무 또는 임무'라고 한다. 이러한 직무의 수준을 초보, 중급, 고급, 고도숙련의 4단계로 구분하고 있다.

　직무관리(job management)란 이러한 직무들을 체계적이고 효율적으로 관리하기 위하여 조직상의 각 직무를 분석하고(직무분석), 직무 간의 상대적 가치를 평가하고(직무평가), 직무를 설계(직무설계)해 나가는 과정이라고 정의할 수 있다.

2. 직무관리의 중요성

　직무관리가 중요한 이유는 인적자원관리의 기초이며 각 직무와 구성원 간의 합리적 결합이라는 인적자원관리의 이상을 실현하기 위한 첫걸음이기 때문이다.

　따라서 중요성을 구체적으로 알아보면,

① 조직과 구성원의 목표달성
② 서로 다른 특성을 가진 직무들의 관리 가능
③ 적재적소의 기본원칙 실현
④ 구성원에게 동기를 부여할 수 있다는 데 있다.

3. 직무관리의 위치

아래의 [그림 4-1]을 보면 직무관리가 인적자원관리과정의 3단계 중에서 구성원과의 관계관리단계인 2단계에 위치되어 있음을 알 수 있다.

1단계 : 미래의 인적자원과 조직과의 만남단계
  ➔ 채용관리
2단계 : 구성원과의 관계관리단계
   ➔ 직무관리, 인사고과, 교육훈련, 경력개발, 임금관리, 인사이동 등
3단계 : 구성원과 조직 간의 관계청산단계
  ➔ 이직관리

| 그림 4-1 | **직무관리의 위치**

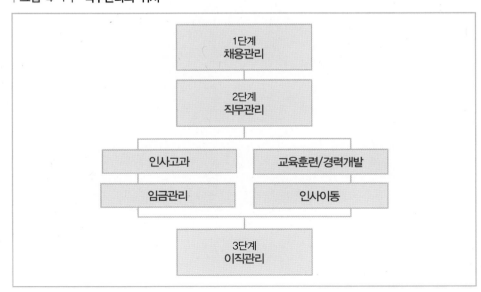

4. 직무관리체제의 변화

직무관리체제의 변화과정을 근대와 현대로 구분하여 살펴보면 〈표 4-1〉과 같다.

| 표 4-1 | **직무관리체제의 변화**

요소	근대적	현대적
조직	기능에 의한 위계적	다기능 네트워크관리에 의한 수평적
직무설계	경직성, 직무수행의 단순화, 표준화에 의한 단순반복	유연성, 직무수행과 책임의 다양화
직무수행능력	전문적	다기능, 상호협력적
구성원 관리	명령통제	자기관리체제
의사결정 책임	수직적 명령체제	권한분산
조직이해도	좁은 이해	폭넓은 이해
자율성	낮음	높음

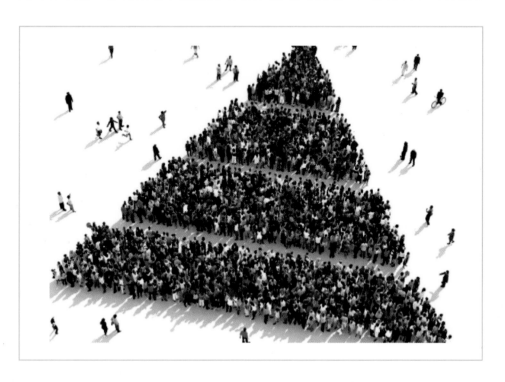

'직급 다이어트' 직급 단순화로 수평적 직무 수행

최근 일부 기업에서는 의사결정 속도 및 업무효율성을 높이기 위해 수직적 위계구조 대신 수평적이고 유연한 조직문화의 확산을 위해 직급 및 호칭의 개편이 이루어지고 있다.

직급 체계 및 호칭 변화를 시도한 국내의 주요 기업은 다음과 같다.

1. CJ는 2000년에 국내 대기업 최초로 임직원 호칭을 'ㅇㅇㅇ님'으로 통일했다.
2. SK텔레콤은 2006년 이후 주요 직책을 제외한 전 팀원의 직급과 호칭을 '매니저'로 통합하였다.
3. 현대기아차는 2019년 직급체계를 6단계(5급사원-4급사원-대리-과장-차장-부장)에서 4단계(G1~G4)로 줄이고, 호칭은 매니저와 책임매니저로 단순화하였다.

변경 전	변경 후	
직급 · 호칭	직급(4단계)	호칭(2단계)
부장	G4	책임매니저
차장	G3	
과장	G2	매니저
대리	G1	
4급 사원		
5급 사원		

4. HDC현대산업개발은 직급체계를 5단계(사원-대리-과장-차장-부장)에서 3단계(사원-대리·과장-차장 이상)로 줄이고, 직급에 상관없이 모든 팀원의 호칭을 '매니저'로 통합하였다.
5. 카카오페이는 별도의 직급이나 'ㅇㅇ님'이라는 형식마저 없이 영어이름을 사용하고 있다.
6. SK는 사원부터 부장까지의 직급을 모두 'PM(Profession manager)'로 통일하여 3단계(PM-부사장-사장)으로 단순화하였다.
7. GS칼텍스는 사원~대리까지는 '매니저', 과장~부장까지는 '책임'으로 통일하였다.

위 사례들과 같이 수직 체계였던 기업의 직급 체계를 단순화, 수평화하여 자율적이고 수평적인 조직 문화를 조성할 수 있도록 새로운 인사제도를 시행하고 있다.

5. 직무관련이론

직무관련이론의 효시로는 작업과정의 과학화와 작업효율화에 중점을 둔 프레드릭 테일러(Frederick W. Taylor)의 과학적 관리법을 들 수 있다.

이 과학적 관리법은 구성원의 욕구는 등한시하고 조직의 목표달성만을 강조하였기 때문에 페퍼와 셀렌직은 구성원의 욕구특성에 맞는 직무관리의 중요성을 연구한 욕구-만족 접근법을 주창하였으며, 그리고 해크만과 올드햄은 직무특성, 심리상태, 만족과 성과와의 관계를 연구한 직무특성이론을 주창하였다.

1) 페퍼와 셀렌직의 욕구-만족 접근법

이 접근법은 구성원 개인의 욕구를 반영한 직무설계의 기본방향을 제시하였으며 또한 구성원의 욕구특성에 맞는 직무관리로 조직의 목표와 구성원 개인의 목표가 상호 조화를 이루도록 하는 접근법이다.

이 접근법의 특징으로는

① 인과관계를 기본방향으로 설정하며,
② 환경에 따라 개인의 욕구와 태도가 반응하며,
③ 욕구평가과정을 일정기간 동안 고정하며,
④ 직무특성은 개인의 욕구와 밀접한 관련이 있으며,
⑤ 개인의 욕구와 직무특성과의 함수관계에 의해 태도가 형성된다는 것이다.

직무설계 즉 직무행위를 위한 직무특성과 개인욕구 간의 과정은 [그림 4-2]와 같다.

| 그림 4-2 | **욕구-만족 접근법 모형**

2) 해크만과 올드햄의 직무특성이론

이는 직무특성과 심리상태의 관계를 연구한 이론으로서 다섯 가지의 핵심직무특성이 세 가지 심리상태 과정을 거쳐 만족과 성과를 창출할 수 있다는 이론이다. 그러나 모든 구성원들이 직무특성에 대해 동일한 방식으로 반응하는 것은 아니며 지식 및 능력수준, 성장욕구의 강도, 상황요소에 대한 만족도 등과 같은 개인차가 직무특성, 심리상태, 만족과 성과 사이의 관계를 조절할 것이라고 한다.

다섯 가지의 직무특성과 세 가지의 심리상태와 만족과 성과의 관계는 [그림 4-3]과 같다.

| 그림 4-3 | **직무특성 모형**

자료 : 해크만과 올드햄의 직무특성 모형(1976)

6. 직무관련용어

1) 요소(element)

하나의 작업수행 시에 행하여지는 작업의 최소단위이며, 이러한 요소들이 모여 하나의 과업이 된다.

이는 과업 또는 직무와 관련된 하나의 동작과 움직임을 의미한다.

2) 과업(task)

독립된 목적으로 수행되는 하나의 작업활동으로 이는 직무분석을 위한 가장 작은 단위로서 수행하는 특정한 작업활동이다.

이러한 과업이 모여 하나의 직무가 되는 것이다.

3) 의무(duty)

조직 내에서 지켜야 할 조직의 공통된 목적이나 관심 또는 맡은 직분을 의미한다.

4) 직위(position)

개인이 조직 내 신분에 따라 담당하는 직무수행상의 조직적 지위를 의미한다.

5) 직무(job)

한 명이 수행하는 임무와 과업들이 모여 직무를 이룬다.

이는 직책이나 직무수행에서 책임을 지고 담당하는 과업들을 의미하며 직무의 양이 아니라 직무의 성격에 의해 구분된다.

6) 직급(job position)

직무의 책임수준 정도에 따라 직무들을 분류해 놓은 하나의 단위로서 연봉이나 임금지급의 기준이 되는 것을 의미한다.

7) 직책(job responsibility)

특정 권한과 책임이 부여된 직위를 말하는데 위계적 조직에서의 과장, 차장, 부장 등을 지칭하며, 팀(team)제의 조직에서는 팀장과 같이 책임 직위를 의미한다.

8) 직군(job family)

인적자원관리상의 목적을 위해 분류할 수 있는 유사한 또는 동일한 과업과 의무를 가지고 있는 직무의 집단을 의미한다. 예를 들면 호텔기업의 경우, 관리직은 총무, 경리, 인사부 등의 직군으로 구성되어 있고, 영업직은 객실, 식음료, 판촉 등의 직군으로 구성되어 있으며, 기능직은 시설과 조리 등의 직군으로 구성되어 있다.

9) 직업(occupation) 또는 직종(types of occupation)

여러 다른 조직에서 찾아볼 수 있는 직무나 직무들의 집단을 의미하며 유사한 직군들의 집단을 말한다. 예를 들면 관리직, 영업직, 기능직 등으로 크게 분류할 수 있다.

10) 경력(career)

특정 개인이 조직생활을 하는 중에 경험하게 되는 일련의 지위, 직무 또는 직업 등을 의미한다.

7. 요소(element), 과업(task), 직무(job), 직군(job family)의 연관성

직무관련 용어들 중에서 요소, 과업, 직무, 직군 간의 연관성은 [그림 4-4]와 같다.

| 그림 4-4 | 요소, 과업, 직무, 직군 간의 연관성

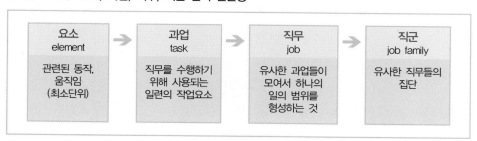

○ 제2절 직무관리시스템

1. 직무관리시스템

체계적이고 합리적인 직무관리시스템(job management system)을 관리하기 위해서는 아래의 [그림 4-5]와 같이 세 단계의 과정(process)을 거치게 된다.

| 그림 4-5 | **직무관리시스템**

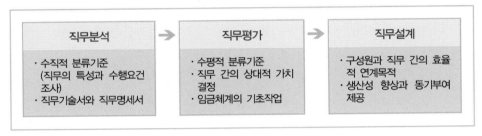

첫째, 직무분석(job analysis) 단계

이 단계는 수직적 분류기준에 의한 해당 직무의 분석결과를 직무기술서(job description)와 직무명세서(job specification)에 기록하고 유지하는 과정이다.

둘째, 직무평가(job evaluation) 단계

직무분석(job analysis)을 통해 얻어진 직무기술서와 직무명세서를 기초로 하여 수평적 분류기준에 의한 각 직무 간의 상대적 가치를 과학적으로 분석하고 평가하기 위한 과정이다.

이러한 직무평가는 직무급과 임금체계의 기초가 된다.

셋째, 직무설계(job design) 단계

직무분석과 직무평가의 결과를 기초로 하여 구성원에게 직무만족과 생산성 향상을 위한 동기부여를 제공하기 위하여 직무를 설계 또는 재설계해주는 과정이다.

2. 직무분석(job analysis)

1) 개념

　직무분석(job analysis)이란 직무의 내용, 성격, 수행방법, 지식, 기술, 능력 등에 관한 체계적인 조사를 의미하며, 이러한 조사내용들은 직무기술서(직무의 내용, 성격, 수행방법)와 직무명세서(지식, 기술, 능력)의 기초가 되고 있다.

　또한 직무분석결과는 고용관리뿐만 아니라 건강, 안전, 교육 및 훈련, 작업방법의 개선, 표준작업량의 결정, 임금률의 통일화와 균등화, 직무평가, 인사고과, 나아가서는 고충처리나 단체교섭 등에도 활용된다.

　그러므로 직무분석은 조직경영 전반 또는 인적자원관리 전반의 개선 또는 합리화에 크게 기여하고 있으며 직무관리시스템을 구축하는 데 필수적이고 기초적인 과정이다.

2) 정의

　직무를 구성하고 있는 과업과 그 직무를 수행하기 위하여 구성원에게 요구되는 경험, 기능, 지식, 능력, 책임 등 그 직무가 타 직무와 구별되는 요인들을 명확하게 밝혀 기술하는 방법이다.

3) 목적

　직무분석은 직무수행능력과 자질을 과학적이고 합리적으로 관리하기 위한 직무관리의 기초작업이며 구체적인 목적은 다음과 같다.

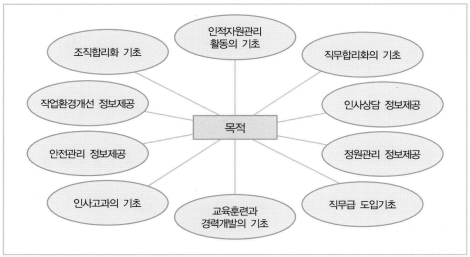

| 그림 4-6 | **직무분석의 목적(6가지 기초작업과 4가지 정보제공)**

첫째, 조직합리화를 위한 기초작업이다.
합리적이고 체계적인 조직관리를 하기 위해서는

㉮ 직무를 각 구성원에게 적절히 배분하고,
㉯ 그 배분된 직무의 범위와 책임을 명확히 하여야 하며,
㉰ 그 직무를 수행할 때에 누구로부터 어떠한 통제·감독을 받고,
㉱ 누구를 어떻게 통제·감독하는가를 명확하게 해두지 않으면 안 된다.

이를 위해서 각 구성원이 수행하고 있는 직무의 상황, 감독 받고 있는 상황과 감독상황을 조사하여 직무분석을 실시하는 것이다.
이러한 직무분석의 결과를 근거로 하여

㉮ 직무 목적
㉯ 수행직무의 종류
㉰ 업무분장의 적정화
㉱ 권한과 책임의 명확화란 측면에서 조직을 합리적으로 재편성하고 재정비하게 되는 것이다.

둘째, 인적자원 관리활동(채용, 고과, 교육훈련과 경력개발, 인사이동)의 기준을 만드는 기초작업이다.

인적자원을 채용할 때는 추상적·일반적인 기준에 의해서 우수한 인력을 선발하는 것이 아니라 직무분석의 결과에 의해 작성된 직무기술서와 직무명세서를 기준으로 해서 선발하여야 한다. 인사이동의 경우에도 직무기술서와 직무명세서를 기준으로 적용하여 실시한다.

셋째, 직무합리화의 기초작업이다.

직무분석의 실시에 의해 밝혀진 직무내용은 곧 직무합리화의 기초가 되며 이러한 직무의 흐름을 파악하여 조직의 능률화 방안을 연구할 수 있다. 이렇게 파악된 직무단위의 내용을 표준화하면 업무처리의 방법을 통일성 있게 개선할 수 있다.

넷째, 인사고과의 기초작업이다.

인사고과를 합리적으로 실시하려면 인간적인 평가와 함께

㉮ 맡은 직무를 어느 정도 수행하였는가,
㉯ 맡은 직무에 필요한 지식, 경험, 기능을 어느 정도 가지고 있는가,
㉰ 맡은 직무에 대한 책임을 어느 정도 수행하였는가를 구체적으로 평가할 필요가 있다.

이와 같이 합리적이고 공정한 인사고과를 실시하기 위해서는 먼저 각 직무들이 어떠한 내용과 성질을 가지고 있는지 또한 그 직무를 수행하기 위해서는 어떠한 지식, 숙련 등의 능력이 필요한가를 결정하여야 한다.

다섯째, 교육훈련 및 경력개발의 기초작업이다.

교육훈련과 경력개발의 목적은 각 구성원이 현재 맡고 있고 또는 장래에 담당 예정인 직무를 보다 원활하게 수행할 수 있도록 하는 데 있다.

따라서 무엇을 어떠한 방법으로 어느 정도 훈련할 것인가 하는 이른바 교육훈련의 필요성과 각 직무를 수행하기 위해 필요한 지식, 숙련, 기능의 종류와 정도

를 명확히 함으로써 알 수 있다.

이와 같이 직무분석의 결과는 교육훈련과 경력개발의 기준이 됨과 동시에 구성원 개인의 지식 및 숙련의 과부족상황 등을 판정하는 기준도 된다.

여섯째, 직무급의 도입을 위한 기초작업이다.

직무급이란 동일노동, 동일임금의 원칙에 입각하여 직무의 상대적인 가치에 따라 보상이 결정되는 임금제도이다.

직무급 도입과 설정을 위한 직무의 상대적 가치를 결정하는 요인으로는

㉮ 일의 복잡도
㉯ 일의 난이도
㉰ 책임의 대소(크기)
㉱ 작업조건 등을 들 수 있다.

그러므로 직무분석은 이와 같은 직무의 내용과 특성을 구체적으로 파악하여 비교·평가할 수 있는 정보를 제공해주기 때문에 직무급 도입을 위한 기초작업이 되는 것이다.

이 외에도 직무분석은 인사상담, 안전관리, 정원관리, 작업환경의 개선 등에 필요한 정보를 제공해주기도 한다.

4) 포함내용

직무분석을 위해서 포함되어야 할 내용을 알아보면,

| 그림 4-7 | **직무분석 포함내용**

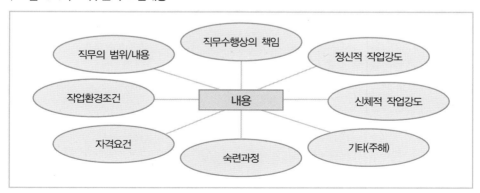

(1) 직무의 범위/내용

개요, 작업순서와 방법, 작업시간과 난이도 등

(2) 직무수행상의 책임

직무의 목적, 기본직능, 소관범위와 규모, 직책과 목표, 직무기준, 직책 미완수 시의 손실, 사용권한, 타 직무와의 관계 등

(3) 직무의 정신적 작업강도

지적과정, 신경과정, 감각과정, 심적 특성 등

(4) 직무의 신체적 작업강도

기본동작, 사용신체부위, 취급물품크기, 중량 등

(5) 작업환경조건

특징, 물적 배치, 환경조건 : 온도, 습도, 조명, 음향, 먼지, 청결 정도 등
위험성 : 기계 · 전기적 폭발위험성, 유독성, 직업병과의 관계 등

(6) 직무수행에 필요한 자격요건

연령, 성별, 경험, 지식, 교육, 기술숙련, 신체적 · 정신적 특징 등

(7) 숙련과정

작업구조와 시간적 과정의 변화, 신체동작과 심리적 과정의 변화

(8) 주해

설비, 기계장치, 비품, 자재, 소모품, 용어정의 등이다.

5) 과정

아래 [그림 4-8]과 같이 직무분석과정을 여섯 단계로 구분하여 알아보면,

| 그림 4-8 | **직무분석과정**

(1) 직무분석의 목적 설정

① 현재의 인적자원관리시스템을 보다 합리적이고 체계적으로 개선하고자 하는 경우
② 신규 개업(open)할 경우 등으로 구분할 수 있다.

그러므로 목적 설정이 서로 다른 경우에는 직무분석의 방법, 내용, 범위 등의 차이를 보일 수 있기 때문에 목적 설정을 확실히 정의해두고 직무분석을 실시하면 효과적인 결론을 얻을 수 있다.

(2) 기초자료와 보조자료의 수집

직무분석의 합리화를 위해서는 필요한 자료수집이 필수적이며 수집해야 할 자료로는 기초자료와 보조자료가 있다.

① 기초자료에는 직무기술서(job description)와 직무명세서(job specification)가 있으며,

② 보조자료로는 조직도(organization chart)와 SOP(표준운영절차/매뉴얼 : standard operation procedure)를 활용할 수 있다.

(3) 분석대상직무의 선정

모든 직무를 분석할 경우는 많은 시간과 비용이 소요되고 또한 분석하는 동안 직무수행에 지장을 초래할 수 있기 때문에 가능하면 대표성 있는 직무를 선별하여 분석하는 것이 경제적이고 효과적이다.

(4) 직무분석방법에 의한 분석

직무분석방법(method of job analysis)으로는 관찰법, 면접법, 설문지법, 경험법 등이 있다.

가. 관찰법(observation method)

가장 보편적인 방법으로서 구성원들이 직무를 수행하고 있는 것을 직접 관찰, 기록, 분석하는 방법이다.

나. 면접법(interview method)

이 방법은 일반적으로 면접을 통하여 직무를 분석하는 방식이며 관찰법과 병용해서 직무를 분석하는 것이 보다 더 효과적일 수 있다.

오늘날 관찰법과 함께 가장 널리 사용되고 있는 직무분석방법으로서 다음과 같은 장점과 단점들이 있다.

가) 장점으로는

㉮ 직무에 관한 정확한 지식을 확보할 수 있으며,

㉯ 구성원이 직접 직무에 관한 사실을 기술하는 데 수반되는 어려움을 제거할 수 있으며,

㉰ 구성원이 설문지에 적당히 기입하는 폐단을 방지할 수 있으며,

㉱ 분석자는 자료의 중요성 정도를 평가할 수 있으며,

㉲ 표준적인 분류에 의해 사실자료의 수집이 가능하다.

나) 단점으로는

㉮ 많은 직무들을 분석해야 할 경우에는 많은 시간과 노력이 소요되며,

㉯ 면접 당사자의 인건비만으로도 상당액이 소요되며,

㉰ 광범위한 실시가 불가능하다.

다. 설문지법(questionnaire method)

직무에 관한 지식을 얻기 위해 직무의 모든 상황과 직무를 수행하는 환경 등을 설문지 형식으로 구성하여 해당 직무상의 구성원으로 하여금 직접 기입하게 하는 방법으로서,

이 설문지법의 장점으로는

㉮ 다른 어떠한 방법보다도 신속하게 직무에 관한 사실자료를 수집할 수 있으며,

㉯ 면접법보다도 광범위한 자료를 수집할 수 있다.

그러나 완전한 사실자료를 얻을 수 없다는 결정적인 단점이 있으므로 설문지법만으로는 완전하지 않을 수 있다.

라. 경험법(empirical method)

직무분석 담당자가 해당 직무의 내용과 직무가 요구하는 내용들을 직접 경험하여 얻은 자료를 분석하는 방법이다.

이러한 직무분석방법에 의해 얻어진 결과는 우선 직무분석계획(job analysis schedule), 신체요건표(physical demand form), 조직구성원 특징표(member's characteristics form) 등에 기록해 두었다가 차후에 직무기술서나 직무명세서의 작성을 위한 기본 자료로 활용된다.

(5) 직무기술서 작성

직무분석의 결과에 의해 얻어진 수행직무 또는 감독해야 할 직무가 지니고 있는 성격·내용·수행방법 등을 간략하게 정리하여 기록된 문서가 직무기술서이다.

따라서 직무기술서(job description)는 여러 동일한 직무를 분석한 다음에 작성되는데 이것이 바로 직무분석의 결과이며 그 목적이 된다고 할 수 있다. 기술서의 내용은 직무의 성격과 그 직무에 관한 직무요건 등으로 구성되어 있다.

그러나 앞에서 말한 바와 같이 직무기술서는 직무분석의 결과를 정리해서 일정한 문서로 기록한 것이기는 하지만, 구체적으로 이를 어떻게 정리할 것이며, 특히 직무에 관한 어떠한 사실을 어떻게 기술할 것인가가 문제점이다.

이러한 문제점들을 해결하기 위해서 직무의 성격·내용·수행방법에 따라 내용이 잘 구성된 직무기술서의 서식이 만들어져야 한다.

호텔기업의 영업부문을 중심으로 직무기술서의 기재사항을 알아보면 다음과 같다.

① 직무명
② 직무분류번호
③ 해당 직무의 개괄적인 설명 기술
④ 해당 직무의 수행에 있어서 사용되는 공구·기계 및 특수한 장치 등에 관한 개요
⑤ 구성원의 통상적인 자세
⑥ 사용되는 원재료

⑦ 가장 밀접한 협동관계에 있는 다른 직무와의 관계
⑧ 어떠한 직무에 경험이 있는 구성원이 해당 직무로의 승진 가능성
⑨ 해당 직무수행에 필요한 교육훈련과 경력개발
⑩ 임금 또는 급여액의 구분
⑪ 통상적인 근무시간
⑫ 온도, 습도, 조도, 환기 등의 작업조건 또는 직무수행기준에 적합한 기자재

따라서 직무기술서는 직무관리과정에서

① 직무급의 기초가 되는 직무평가의 기준이 되고,
② 승진인사이동의 결정기준도 되며,
③ 관리자 육성의 기준이 되기도 한다.

이를 직위기술서(job position description)라고 부르기도 한다.

(6) 직무명세서 작성

직무명세서(job specification)는 직무수행에 필요한 행동·기능·능력·지식 등을 일정한 양식에 기록한 문서를 말한다.

즉 직무명세서는 직무기술서를 기초로 하여 채용·배치·승진·평가 등 인적자원관리 자료를 얻기 위해 작성된 문서라고도 할 수 있다.

요더(D. Yoder)에 의하면 직무명세서는 직무기술서에서 발전한 문서로서 특히 직무에 의해서 요구되는 인간의 특성을 강조하는 문서라고 정의를 내리고 있다.

또한 직무명세서는 각 직무수행에 필요한 자격요건을 직무기술서에서 찾아내어 더욱 상세하게 기재한 것이다.

가. 직무명세서의 구성내용

㉮ 직무확인사항
㉯ 직무개요
㉰ 인적요건 등 세 가지 내용으로 구성되어 있다.

나. 직무수행상의 인적요건

㉮ 성별 내지 바람직한 연령

㉯ 육체적 요건

㉰ 정서적 요건

㉱ 정신적 요건(지능·학습력·지각력 등)

㉲ 교육적 요건

㉳ 필요한 경험과 숙련 등을 들 수 있다.

호텔영업부문의 직무수행에서 요구되는 인적요건의 내용에는

㉮ 성별 및 연령

㉯ 체격

㉰ 동작의 기민성

㉱ 정서적인 성격

㉲ 정신적 능력

㉳ 교양 정도

㉴ 경험 및 숙련도

㉵ 위의 일반적인 분류에 들어가지 않는 특수한 기능 등과 같은 것을 구체적으로 기술한다.

6) 직무기술서와 직무명세서의 차이점

직무기술서와 직무명세서는 직무분석의 결과를 일정한 서식으로 정리·기록한다는 점에 있어서는 차이점이 거의 없지만 그 구성내용에 있어서는 직무요건과 인적요건을 각각 중점적으로 다루고 있다는 점에서 양자 간에 명백한 특징의 차이점을 찾아볼 수 있다.

그러므로 전자는 직무의 특성(직무요건)이 강조되고, 후자는 직무수행에 요구되는 인간의 특성(인적요건)을 중점적으로 다루고 있다는 것이 차이점이다.

| 그림 4-9 | **직무기술서와 직무명세서의 활용범위**

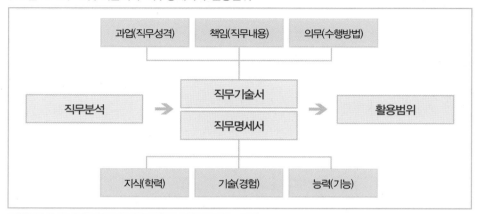

※활용범위
a. 조직구조설계 : 조직도
b. 인력소요계획수립 : 정원계획
c. 직무평가와 보상 : 임금관리
d. 모집, 선발, 배치 : 채용관리
e. 직무수행성과에 대한 평가 : 인사고과
f. 교육훈련과 능력개발 : 교육훈련관리
g. 경력개발계획수립 : 경력개발관리
h. 노사관계개선 : 노사관계관리
I. 기계장치의 설계 및 작업방법개선 : 생산성 관리
j. 직무설계 : 인사이동
k. 안전관리 : 근로조건관리
l. 작업지도 및 경력경로상담 : 인간관계 등

7) 직무기술서와 직무명세서의 양식

일반적으로 직무의 특성을 기술한 것은 직무기술서이며, 직무에 요구되는 인적요건을 기술한 것은 직무명세서이다.

이런 두 가지 양식을 구별하여 활용하는 조직도 있으나, 직무기술서의 양식을 이용하여 두 가지 양식의 혼합형식을 활용하는 호텔기업도 있다.

우리나라에서는 이 두 가지 양식을 동시에 기술한 혼합형식이 널리 이용되고 있으며, 이를 직무기술서·직무조사표·직무설명서 등의 명칭으로도 사용하고 있다([그림 4-10] 참조).

| 그림 4-10 | 혼합양식(직무기술서와 명세서)의 내용 예시

---

1. 직무기술서 내용

직무번호:	직무명:	소속:
직군:	직종:	등급:

1) 직무개요

2) 직무크기: 감독인원, 급여, 운영예산

3) 직무내용: 수행절차와 방법

4) 직무책임: 조직도에 의한 책임기준

5) 기타

2. 직무명세서 내용

직무명:	직무담당자:	소속부서:

적성: 연령범위:

기초학력: 특수자격:

전공계열: 전공학과:

필요숙련기간: 전환가능부서/직무:

기타:

3. 직무평가

1) 정의

각 직무들의 상대적 가치를 수평적 분류기준에 의해 평가하고 결정하는 과정을 말한다.

이러한 직무평가(job evaluation)는 직무분석을 통해 얻어진 직무기술서와 직무명세서를 기초로 하여 이루어지며, 직무 자체의 가치를 평가하고 결정하는 것이지 직무를 수행하는 구성원 자체를 평가하는 것은 아니다.

그러므로 직무평가는 동일한 상대적 가치를 지닌 직무에는 동일한 임금을 적용하고, 상대적 가치가 높은 직무에 대해서는 높은 임금을 책정하는 직무급제도의 기초가 된다.

2) 목적

각 직무가 지니고 있는 상대적 가치에 따른 임금체계의 확립과 인적자원관리 전반의 합리화에 목적을 두고 있다.

직무평가의 목적으로

① 사내임금체계의 합리화
② 공정한 임금조건으로 구성원 불평의 최소화
③ 임금관리의 단순화
④ 적재적소배치
⑤ 인사이동과 승진의 결정기준 등을 들 수 있다.

3) 방법

직무평가방법은 크게 종합적 방법(비계량적 방법)과 분석적 방법(계량적 방법)이 있다.

(1) 종합적 방법(비계량적 방법)

직무수행상의 난이도를 기준으로 각 직무의 상대적 가치를 비계량적으로 평가하는 방법으로 서열법과 분류법을 활용한다.

가. 서열법

직무수행에 있어서 요구되는 책임, 숙련, 노력, 작업조건, 지식 등을 비교하여 상대적으로 단순한 직무를 최하위에 배정하고, 가장 중요하고 가치있는 직무를 최상위에 배정함으로써 서열순위를 결정하는 방법으로 가장 오래되고 간단한 방법이다.

나. 분류법

서열법에서 발전된 방법으로서 직무의 기준에 따라 사전에 등급을 정해놓고 각 직무를 적절하게 분류하여 정해진 각 등급에 맞추어 넣는 평가방법이다.

이 방법은 사용이 간편하기 때문에 이용도가 높은 편이나 분류 자체에 객관성이 없는 경우에는 비합리적인 방법일 수도 있다.

(2) 분석적 방법(계량적 방법)

직무평가의 요소와 조건을 분석하여 계량적으로 평가하는 방법으로서 점수법과 요소비교법을 활용한다.

가. 점수법

직무평가요소들의 중요도에 따라 점수를 사전에 결정한 후, 각 직무들의 점수들을 계산하여 각 직무들의 가치를 결정하는 평가방법이다.

이 방법은 각 직무의 상대적 가치를 명확히 할 수 있으며 평가결과에 대한 신뢰를 얻을 수 있다.

그러나 이 방법을 사용할 때에는 많은 준비시간과 경비가 소요되며 평가자의 전문적 지식과 기술도 요구된다.

나. 요소비교법

가장 핵심이 되는 몇 개의 기준 직무를 선정하고 각 해당 직무의 평가요소를 기준직무의 평가요소와 비교함으로써 직무의 상대적 가치를 평가하는 방법이며 직무급 실시에서 가장 많이 사용되는 방법이다.

그러나 기준 직무의 선정이 어려운 단점도 있다.

기준 직무와 비교하여 해당 직무의 상대적 가치를 평가하기 위한 평가요소로는

㉮ 책임요소(대인과 대물적 책임)
㉯ 숙련요소(지능과 육체적 숙련)
㉰ 노력요소(정신과 육체적 노력)
㉱ 작업조건(위험도와 불쾌도)
㉲ 지식요소(적합 또는 부족) 등을 들 수 있다.

| 표 4-2 | **직무평가방법** 비교표

기준＼방법	서열법	분류법	점수법	요소비교법
사용빈도	하	중	상	중
비교방법	직무 대 직무	직무 대 직무	직무 대 기준	직무 대 기준
요소의 수	무	무	11개 정도	5개 정도
척도형태	서열	등급	요소별 점수	요소 비교
평가방법	종합적 비계량적	종합적 비계량적	분석적 계량적	분석적 계량적

4. 직무설계

1) 정의

직무설계(job design)란 직무평가에 의하여 각 직무의 내용과 성격을 파악한 뒤 직무에 영향을 미치는 조직적·기술적·인간적 요소를 규명하여 직무만족과 조직의 생산성 향상을 위한 작업방법을 결정하는 절차라고 할 수 있다.

따라서 직무설계는 직무분석과 직무평가를 통해 각 직무의 내용과 성격을 명확하게 규정함으로써 직무설계의 작업이 이루어진다.

2) 목적

아래와 같은 목적을 위해 직무설계를 실시한다.

① 동기부여 제공과 생산성 향상
② 안전하고 건전한 조직환경 조성
③ 구성원의 능력 활용과 능력개발기회 제공
④ 능력에 따른 공정한 보상
⑤ 조직 내 직무관리의 제도화 등

3) 방법

과거에는 직무의 기계적 측면만을 강조했기 때문에 이것이 생산성을 저하시키는 원인이 되었다. 이러한 저하원인을 개선하기 위해 직무를 인간화시키는 새로운 접근법을 모색하게 되었다.

직무의 표준화(standardization), 전문화(specialization), 단순화(simplification)에 따른 단조로움과 권태로움을 줄이고 직무에 대한 흥미와 생산성을 향상할 수 있는 직무설계 방법으로 직무확대(job enlargement), 직무충실화(job enlargement), 직무교차(job workplace), 직무순환(job rotation) 등을 들 수 있다.

| 표 4-3 | 직무설계방법

구분	개인	집단
수평적	직무확대	직무교차
수직적	직무충실	직무순환(수직·수평적)

(1) 직무확대

직무확대(job enlargement)란 구성원 개인의 욕구충족과 조직의 생산성 향상을 위해 단순히 수평적으로 직무를 확대시켜주는 방법이다.

예를 들면, 프런트에서 프런트 클럭(front clerk)이 프런트 캐셔(cashier) 업무까지 수행하는 경우이다.

이러한 경우에는 프런트 클럭이 담당할 직무와 기술의 수가 수평적으로 증대하게 된다.

즉 직무확대란 보다 다양하고 흥미를 증진시키기 위해 기존의 직무에 또 다른 수평적 직무를 추가시키는 것이다. 이는 단순한 직무수행에 따른 단조로움을 없애고 다양한 기술(multi skill)을 익히게 함으로써 직무만족을 높이고자 하는 데 주목적이 있었으나, 고임금 시대에서는 구성원의 생산성을 높이는 방법으로서 활용하고 있다.

(2) 직무충실

구성원 개인의 직무가 단순하여 직무확대와 같이 수평적으로만 직무를 확대시킨다고 해서 직무만족도를 높이는 데는 한계가 있을 수밖에 없다.

그래서 직무충실(job enlargement)은 구성원들의 직무만족도를 높이기 위해 현재 수행하고 있는 직무에 상위의 직무를 추가하여 수행하도록 하는 방법이다.

따라서 직무수행에 있어서 수직적 권한과 책임을 추가로 부여해주기 위한 직무설계방법을 직무충실이라고 한다.

직무충실에 의한 직무설계는 직무담당자에게 직무에 관한 권한과 책임을 보다 많이 부여하여 직무수행에 대한 자율성과 책임감을 갖도록 하며 또한 직무충실을 통해서 더 많은 것을 배우고 자신의 성장을 위해 노력할 수 있도록 해주는 효과가 있다.

(3) 직무교차

직무교차(job workplace)는 수평적으로 직무를 양적으로 확대해주는 직무확대와 크게 다르지 않지만 직무확대가 구성원 개인에게 직무를 확대시켜주는 방법이라면, 직무교차는 다른 구성원들과 공동으로 새로운 직무를 수행하게 함으로써 상호협동을 통한 능률향상과 기능의 폭을 넓혀주는 데 주목적이 있다.

(4) 직무순환

직무순환(job rotation)은 직무들 간의 유사성을 전제로 직무수행에 큰 지장을 초래하지 않는 범위 내에서 이루어지는 직무상의 이동으로 직무의 단순반복적 수행에 따른 권태감을 해소하려는 시도를 말한다.

그러나 최근에는 직무순환을 수평적 이동뿐만 아니라 수직적 이동 즉 승진을 위한 교육훈련 방법으로 많이 활용하고 있다.

이상과 같이 구성원들의 직무에 대한 욕구충족과 생산성 향상을 위해 체계적이고 합리적으로 직무들을 분석하고 평가하여 직무를 설계해 준 결과를 피드백하고 또한 피드백 결과에 따라 직무를 재설계해줌으로써 직무만족도 향상과 생산성 향상으로 조직의 목표를 달성하고자 하는 데 있다.

5. 직무만족

1) 정의

직무만족(job satisfaction)이란 조직의 구성원이 직무와 관련하여 태도, 욕구수준, 신념, 가치 등에 따라 스스로 지각하는 개인의 심리상태에 대한 평과결과를 의미한다.

2) 목적

직무만족은 개인의 인간관계, 태도, 감정 등 다양한 요소들이 복합적으로 작용하기 때문에, 직무만족은 곧 고객서비스에 영향을 준다고 할 수 있다. 따라서 구성원의 직무만족을 높인다는 것은 고객서비스 향상으로 이어져, 기업의 경쟁력을 강화시키는 데 영향을 준다.

3) 방법

조직구성원의 직무만족 수준을 높이는 방법은

① 경영진의 투명하고 공정한 조직관리를 통한 신뢰 형성
② 공정한 승진 시스템 구축
③ 구성원을 위한 복리후생제도
④ 적절한 급여산정 방식 개발
⑤ 조직 내 구성원 간 원활한 인간관계 형성 등을 들 수 있다.

재택근무를 활용한 직무만족도 향상

☐ "코로나19로 인한 재택근무 도입...근로자 91% 만족" (출처: 연합뉴스 2020-09-24)
최근 코로나19로 인해 재택근무를 도입하는 회사가 증가했다. 이에 노동부는
2020년 7월 실시 업종 및 업무 효율성 등에 대해 조사했다. 금융 및 보험업, 예
술·스포츠 및 여가관련 서비스업, 교육 서비스업 등이 가장 많이 운영하고 있
는 것으로 나타났으며, 응답자 1,278명(인사담당자 400명, 근로자 878명)을 대
상으로 조사한 결과 매우 그렇다, 그런 편이다 등 긍정적인 응답을 한 사람이
66.7%로 나타났다. 또, 재택근무 시행의 긍정적 효과로 감염병 위기 대처 능력
강화(71.8%), 근로자 직무 만족도 증가(58.5%)라는 응답이 많은 것으로 나타
났다.

재무근무 활용 실태 조사 결과

2020년 7월 기준, 5인 이상 기업 인사 담당자 400명·근로자 878명 대상 조사 결과

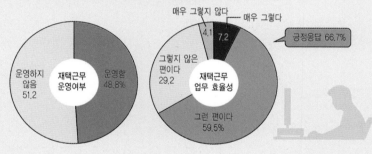

자료/고용노동부, 잡플래닛

이경아 인턴 / 20200924
트위터 @yonhap_graphics 페이스북 tuney.kr/LeYN1

재택근무 도입으로 구성원의 직무만족도 향상

☐ 최근 깃랩이 발간한 연간 원격근무 보고서 '사무실의 소멸: 2020년, 전세계 원격근무 적응 방법'에는 코로나19 이후 원격근무를 시작했다고 답한 응답자가 56%였으며, 코로나19로 인한 제한조치가 해제된 이후에 사무실로 돌아가고 싶다는 사람은 단 1%였다. 특히, 한국 응답자의 67%는 원격근무를 지인에게 권장하고, 팀의 생산성 수준에 64%, 원격근무 활용 팀 간의 의사소통 도구 및 프로세스에 65% 만족한다고 답했으며, 76%가 미래의 업무형태로 원격근무 보편화를 예상한다고 답했다. 이

에 깃랩 공동창업자 겸 CEO인 시드 시브랜디(Sid Sijbrandij)는 "코로나19로 인해 많은 기업들의 원격근무가 가속화되었으며, 디지털 작업과 연결성이 더 향상될수록 기업의 원격근무 전환도 빠르게 전개될 것이다. 앞으로 원격근무는 혜택이 아닌 하나의 라이프스타일로 자리잡게 될 것"이라고 밝혔다.

☐ 고용노동부에서 발표한 '재택근무 활용실태 설문조사'에서도 기업 인사담당자의 66.7%가 시행 전 대비 업무효율이 높아졌다고 응답했으며, 재택근무 활용 근로자의 91.3%가 만족한다고 답변했다.

| 그림 4-11 | 인사담당자 판단 업무효율성

4.1%
7.2%
29.2%
59.5%

- 매우 그렇다
- 그런 편이다
- 그렇지 않은 편이다
- 전혀 그렇지 않다

| 그림 4-12 | 근로자 만족도

2.0%
30.8%
60.5%

- 매우 만족
- 대체로 만족
- 대체로 불만족
- 매우 불만족

☐ 코로나19로 인해 재택근무가 도입되었으나 포스트 코로나에도 재택근무를 계속 하겠다고 밝힌 회사들이 속속들이 생겨나고 있다. SK하이닉스, NHN, 현대모비스가 대표적으로, 이는 직원들의 출퇴근 시간을 절약하고, 업무 몰입도 상승, 창의성과 다양성을 위한 선택이라고 밝혔다.

현대모비스, 코로나 끝나도 재택근무

안상현 기자

입력 2020.11.01 12:30

현대차그룹의 자동차 부품 계열사인 현대모비스가 코로나 바이러스 사태로 지난 2월부터 임시로 운영했던 재택근무를 이달부터 공식 제도화한다고 1일 밝혔다. 코로나 사태로 많은 기업이 재택근무를 임시 운영하고 있지만, 회사의 정식 근무제도로 도입한 사례는 흔치 않다. 현대모비스 측은 직원 수 1만명이 넘는 국내 제조업 기반 대기업 중에서는 선례를 찾기 어려운 선제적 결정이라고 설명했다.

현대모비스가 코로나 사태로 임시 운영하던 재택근무제도를 2020년 11월부터 공식 도입했다. 코로나 사태가 끝나도 재택근무를 유지한다는 계획이다.

(출처: 조선일보 2020-11-01 https://www.chosun.com/economy/industry-company/
2020/11/01/THYA5KG4FNEZVNLGJ3WB6E6WRQ/)

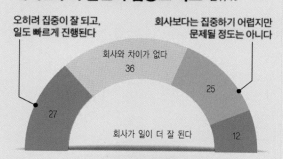

재택근무와 출근의 집중도 비교 단위:%

오히려 집중이 잘 되고,
일도 빠르게 진행된다

회사보다는 집중하기 어렵지만
문제될 정도는 아니다

회사와 차이가 없다
36

27

25

회사가 일이 더 잘 된다

12

자료: NHN 직무별 직원 대상 내부 설문 조사 결과　ⓙ중앙일보

NHN 직원이 꼽은 재택근무 장단점. 그래픽=김현서 kim.hyeonseo12@joongang.co.kr

NHN은 재택근무에 대한 임직원 설문조사를 했다. '회사와 차이가 없다'는
답변이 36%로 가장 많았다. '집중이 잘 되고 일도 빠르게 진행된다'는 27%
였다. 반면 '회사에서 일이 더 잘된다'는 12%에 그쳤다. 재택근무의
장점으로는 '불필요한 회의 감소'가 1위로 꼽혔다. 아쉬운 점으로는 '메신저
즉각 응답 부담'이 많았다.

(출처: 중앙일보 2020-05-28 https://news.joins.com/article/23787517#none)

유능한 관리자가 되기 위한 8가지 습관

1. 좋은 코치되기

2. 권한을 주고 잔소리 안 하기

3. 부하의 출세와 행복에 관심두기

4. 생산성과 성과를 중시하기

5. 좋은 대화자가 되어 팀원의 말에 귀를 기울이기

6. 부하의 경력개발 돕기

7. 미래와 전략을 팀원에게 제시하기

8. 팀을 도울 수 있는 잘하는 기술 한 가지 익히기

제5장

채용관리

제5장 채용관리

제1절 채용관리의 전반적 이해

1. 채용관리의 정의

채용(employment)이란 적재적소(right person right place)의 원칙을 기준으로 하여 가장 적합한 자질과 능력을 가진 인적자원을 선발하는 과정을 말한다. 그리고 직무별, 직급별 채용기준이 되는 기준 직무는 직무분석과정을 통해 얻어진 직무기술서와 직무명세서상의 직무를 의미한다.

채용관리(employment management)란 조직 내 해당 직무수행에 적합한 인적자원을 모집(recruitment), 선발(selection) 그리고 배치(placement)까지의 과정을 합리적이고 체계적으로 관리하는 것이라고 정의할 수 있다.

그러나 채용단계에서 유능한 인적자원을 선발하여 적합한 직무에 배치하지 못하였을 경우에는 직무성과의 부진은 물론 교육훈련비용 및 채용비용의 증가를 초래할 뿐만 아니라 우호적인 조직분위기 유지에 커다란 지장을 초래할 수도 있다.

그러므로 합리적이고 체계적인 채용관리(인적자원의 모집, 선발, 배치)는 조직의 성공적인 경영을 위한 필수적인 요건이라는 데는 이의가 없다.

2. 채용관리의 중요성

　채용관리(employment management)는 개인적으로 유능한 인적자원을 채용한다는 관점보다는 조직의 발전에 기여할 수 있는 지식과 역량을 가진 적합한 인적자원을 확보한다는 관점에서 출발하는 것이 훨씬 중요하다.

　그 이유는 개인 자체의 유능함보다 조직집단 내에서의 적합성과 보완성 등을 판단하여 채용하는 것이 채용관리의 효과성을 최대화할 수 있기 때문이다.

3. 채용관리의 문제점

　① 기존 채용관리의 비합리성 – 연공주의 중심
　② 채용방식의 획일성 – 단기, 동시, 다수채용
　③ 선발도구의 신뢰성과 타당성 문제 등을 들 수 있다.

4. 채용관리의 새로운 추세

1) 관리측면의 개선

　① 자격 및 직무중심 채용 – 능력과 성과중심
　② 수시 및 소수채용의 적극 활용
　③ 사내모집과 사외모집의 적절한 병행
　④ 인사부의 일괄채용에서 해당부서 중심의 필요에 의한 채용이 요구된다.

2) 선발도구의 신뢰성과 타당성 제고

　① 선발시험 : 다양한 시험방식 도입(필기시험 : 적성, 지식/ 실기시험 : 기능)
　② 면접전형 : 행동관찰면접과 블라인드 인터뷰제 등을 시행할 수 있다.

5. 채용관리계획 수립 시 고려사항

① 현재 노동시장의 여건 고려
② 고용법규 준수
③ 사회적 여건 고려
④ 조직 내 상황 고려
⑤ 현 구성원들의 입장 등을 충분히 고려하여야 한다.

◯ 제2절 모집 · 선발 · 배치관리

1. 모집관리

1) 정의

모집(recruitment)의 사전적 의미는 '사람이나 작품, 물품 따위를 일정한 조건아래 널리 알려 뽑아 모음'이라고 한다. 이러한 사전적 정의를 인적자원관리 측면의 정의로 설명하면 불특정 다수의 인적자원들에게 채용에 대한 정보를 널리 알려 지원을 유도하는 과정이라고 할 수 있다.

모집관리(recruitment management)의 정의는 조직이 필요로 하는 인력을 조직의 합리적 채용기준에 준하여 계획적이고 조직적으로 적합한 인적자원들을 유인하는 활동과 그 과정을 의미한다.

2) 중요성

오늘날 서비스기업에서는 조직에 적합하고 경쟁력 있는 인적자원을 확보하기 위해서는 적극적인 모집관리가 매우 중요하다.

그러므로 우수하고 적합한 인재를 경쟁기업보다 먼저 확보하려면 면밀한 모집계획을 수립하고 적극적인 모집활동을 전개하여야 한다.

3) 모집방법

모집방법(method of recruitment)은 구성원의 사기와 동기유발이 조직의 유효성에 큰 영향을 준다는 점에서 내부모집을 우선적으로 시행하여야 하며, 그 부족한 점을 보완하기 위하여 외부모집을 시행하는 것이 바람직하다.

그러나 상위 관리자와 전문직인 경우에는 적절한 수준의 외부모집을 우선적으로 시행하는 것이 조직의 활력을 불어넣는 데 도움이 될 수도 있다.

| 그림 5-1 | **내부 · 외부모집의 방법**

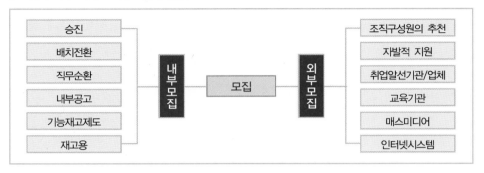

(1) 내부모집

내부모집(internal recruitment)은 현재의 구성원 중에서 승진(promotion)이나 배치전환(transfers), 직무순환(job rotation), 내부 공고와 기능재고제도(skill inventory program) 또는 퇴직인적자원의 재고용(rehire) 등을 이용하여 적합한 인적자원을 모집하여 적절한 직위에 충원하는 경우를 말한다.

가. 승진

구성원 중에서 승진(promotion) 즉 수직적 이동을 위하여 적임자를 확보하는 경우이다.

이 승진의 장점으로는

㉮ 현재의 구성원, 절차, 방침, 특성 등을 잘 알고 있으며,
㉯ 외부모집으로 인한 구성원의 사기저하를 막을 수 있으며,
㉰ 외부모집에 따른 비용과 교육훈련비용을 절감할 수 있다.

단점으로는

㉮ 자격이 미달하는 자가 선택될 여지가 있으며,
㉯ 내부승진에만 의존하면 간부층에 무능한 간부관리자들이 많아질 우려가 있다.

나. 배치전환

현재의 구성원 중에서 배치전환(transfers) 즉 수평적 이동을 위한 적임자를 선택하는 방법으로 적임자가 있는 경우에는 조직 내에서 최우선적으로 고려되어져야 하는 방법이다.

다. 직무순환

직무순환(job rotation)을 이용하여 조직이 필요로 하는 인적자원을 보충하는 방법이다.

이러한 방법은 일시적으로 직무의 비효율화를 초래할 수 있으나 구성원들의 경험확대로 인하여 미래의 능력개발과 생산성 향상에 도움이 되는 방법이다.

그러므로 구성원들로 하여금 다양한 경험을 쌓게 함으로써 직무수행에 대한 시야를 넓혀 다음 단계의 승진을 위한 경험축적이 가능하다는 장점이 있다.

라. 내부공고

내부공고(internal announcement)는 구성원들에게 현재 결원되어 있는 직무를 알리고 응모하도록 하는 방법이다.

이 방법은 구성원들에게 새로운 성장이나 개발의 기회를 주며 또한 동등하게 승진의 기회를 주기도 한다.

그래서 공개성이 강조되며 구성원들로 하여금 직무기술, 일반승진, 고과 등에 대한 관심과 인식을 증대시키고 또한 목적을 알림과 동시에 각자에게 적합성 여부를 일깨워주는 효과가 있다.

마. 기능재고제도

기능재고제도(skills inventory program)는 구성원이 가지고 있는 기능 등에 관한 정보를 보관하는 제도이며 대부분 서비스기업들은 인사 파일(personnel files)의 기능목록 안에 구성원의 기능관련 정보들을 가지고 있다.

이러한 인사 파일에서 필요한 정보를 찾는데 과거에는 시간과 노력이 많이 필요하였으나 오늘날은 훨씬 효율적이고 시간과 노력이 절약되는 전산시스템인 HRIS(human resource information systems)에 의해 관리되고 있다.

바. 재고용

퇴직 당시 근무성적이 우수했던 퇴직자를 재고용(rehire)하는 방법으로서 이들은 업무적응이 빠르고 외부모집보다 적임자일 확률이 높다는 장점이 있으나, 다른 구성원들의 반발을 유발할 우려가 있어 이를 기피하기도 한다.

(2) 외부모집

외부모집(external recruitment)은 조직 내부에서 적임자를 찾지 못하는 경우에 다음 단계로 그 인적자원을 외부에서 찾는 것을 의미한다.

외부인적자원(external sources)에 의존할 경우에는 채용과정의 비용과 교육훈련 비용이 많이 소요된다.

그러나 외부 또는 경쟁업체에 관한 새로운 정보를 얻을 수 있고 또한 많은 외부인적자원들 중에서 선택할 수 있으므로 우수한 인적자원을 채용할 수 있다는 이점이 있다.

특별한 전문지식이 요구되는 직무인 경우에는 계약에 의한 파견 인적자원을 활용함으로써 인적자원관리계획의 유연성을 높일 수 있다.

가. 조직구성원의 추천

구성원의 추천에 의한 모집(employee referral program)은 조직내부에 채용모집을 공고하여 현재 조직에 근무하고 있는 구성원들로 하여금 외부의 적임자를 찾아 추천하도록 하는 방법이다.

이 모집방법은 구성원이 추천에 따른 책임감을 느끼기 때문에 신뢰할 수 있는 인적자원을 채용할 수 있으며 또한 비용이 적게 드는 이점이 있다.

주의할 점은 상동적 태도(stereotyping effect : 편견) 등에 의해서 채용되지 않도록 심사를 철저히 하여야 한다.

나. 자발적 지원

자발적 지원(voluntary apply)은 지원자가 스스로 판단하여 취업가능성이 있는 서비스기업을 방문하거나 인터넷, 우편 등으로 자발적으로 지원하는 방법을 말한다.

이 방법은 서비스기업의 관리직이나 전문직보다는 영업직의 지원자에게서 흔히 볼 수 있는 방법이다.

취업지원자는 이력서와 자기소개서를 첨부하여 취업가능성을 타진하고 서비스기업은 공석에 대비하여 지원자의 이력서를 분류하여 보관함으로써 미래의 인적자원을 확보하는 것이다.

이를 지원자 풀제도(pool system)라고 하며 적은 수의 인적자원을 수시로 채용하는 경우에 많이 이용되며 또한 채용비용을 줄일 수 있는 이점이 있다.

다. 취업알선기관 또는 업체

노동부, 경영자총연합회 또는 지방행정기관에서 운영하는 취업정보센터 등을 통하여 필요한 인적자원을 모집하는 방법으로서 이 방법은 고용기관에서 운영하는 관계로 비용이 들지 않는 이점이 있다.

그리고 소수의 고급인력 또는 전문인력이 필요한 경우에 전문모집대행업체(recruit agency)를 이용할 수 있으며, 만약 고용이 확정되면 피고용자의 연소득에 일정비율을 곱한 금액을 대행료로 지급하여야 한다.

라. 교육기관

매년 정례적으로 일정한 수의 인적자원을 채용하거나, 특수전문교육을 받은 인적자원이 필요하다든가 또는 한 번에 다수의 인적자원을 고용하고자 할 때에는 여러 교육기관에 졸업생의 추천을 의뢰하는 방법이 일반적으로 채택되고 있다.

이 방법은 경쟁이 심한 우리나라의 대기업에서 일반 사무직이나 기술직을 모집할 때 널리 사용되고 있는 방법이기도 하다.

따라서 대기업의 채용담당자는 관련교육기관과 유기적인 관계를 맺고 채용관련정보를 상호 교환하는 것이 우수한 인적자원의 확보를 위해 바람직하다.

마. 매스미디어

매스미디어(mass media)에 의한 모집은 신문, 잡지, 라디오 및 TV 등을 이용한 모집광고에 의해 채용이 이루어지고 있는 방법이다.

일시에 많은 인력을 채용하거나 또는 적절한 지원자를 찾을 수 없을 때에는 매스미디어를 이용하여 광고를 하게 된다. 많은 비용이 소요되지만 폭넓게 모집할 수 있고 조직의 이미지 제고에 많은 도움이 될 수 있다.

그러나 수많은 지원자 중에서 선별하는 데에는 많은 노력과 전문지식이 요구된다.

바. 인터넷시스템

최근에는 개인용 컴퓨터(personal computer)의 인터넷시스템을 이용하여 호텔기업의 홈페이지상에서 수시 또는 정시 모집공고(computerized recruiting services)로 필요한 인적자원을 모집하고 있다.

4) 내부 · 외부모집의 장단점

내부모집과 외부모집의 장단점은 〈표 5-1〉과 같다.

| 표 5-1 | **내부모집과 외부모집의 장단점**

원천 장단점	내부모집	외부모집
장점	• 승진자의 사기양양 • 내부승진 동기부여 • 교육훈련 참여로 능력개발 강화 • 정확한 능력평가(습관, 기능, 역량, 대인관계, 조직적응력 등) • 시간단축과 비용절약	• 새로운 아이디어와 관점 도입 • 인력개발 비용 절약 • 직무에 적합한 인재채용(능력과 자격 겸비) • 조직분위기 쇄신 • 신규인력수요에 대처 가능
단점	• 제한된 모집범위 • 비승진 구성원의 사기저하 • 구성원 간 승진을 위한 과다경쟁 • 인력개발 추가비용 • 연공서열로 인한 무능력자 승진	• 새로운 조직적응시간 소요 • 부적격자 채용의 위험성 • 모집비용 증가 • 내부구성원의 사기저하 • 조직 내 교육훈련시간과 비용 소요

2. 선발관리

1) 정의

선발관리(selection management)란 지원한 인적자원 중에서 조직의 선발방침과 모집직무에 가장 적합한 인적자원을 선발하는 과정을 의미한다.

그러나 모집직무에 가장 적합한 인적자원을 선발하는 것이 매우 어려운 일이기 때문에 직무분석에 의해 작성된 직무기술서와 직무명세서의 기준에 가장 적합한 인적자원을 선발하는 것이 이상적이다.

2) 중요성

선발관리에 많은 시간과 노력을 투자해서 적합한 인적자원을 선발하게 된다면 인적자원관리의 상당 부분이 저절로 해결될 수 있지만 반대로 부적합한 인적자원을 선발할 경우에는 더 많은 노력과 과도한 비용지출이 소요되기 때문에 합리적이고 체계적인 선발관리가 매우 중요하다고 할 수 있다.

특히 우리나라와 같이 해고에 대한 제한이 엄격하고 온정주의적인 조직풍토에서는 인적자원에 대한 선발관리가 더욱더 중요하다고 할 수 있다.

3) 선발기준과 선발도구

(1) 선발기준

담당할 직무에 대해 가장 적합한 인적자원을 선발하기 위한 선발기준의 3대 요소로는

① 기본적인 지적 자질(지식요건)
② 기본적인 태도와 품성(인격요건)
③ 건강한 신체(신체조건)를 들 수 있다.

호텔기업의 선발기준에 대한 하나의 예로서 1940년대 스태틀러호텔(Statler Hotel)은 적합한 서비스인적자원의 선발을 위해 2가지의 기준을 세워 적용하였다고 한다.

첫째 기준, 면접시험 답변의 중요성

먼저 지원자가 자신의 신상명세카드(specification card)를 작성하도록 하여 면접관이 면접시험에서의 지원자의 답변을 정확히 비교평가하여 측정하도록 하였으며,

둘째 기준, 지원자의 태도와 자질 기준

무기력하고, 말다툼하기를 좋아하고, 윤리성이 결여된 지원자는 절대 채용해서는 안 된다는 기준을 가지고 선발하였다.

그러므로 호텔기업의 경영실패 원인은 부적합한 인재의 채용이 가장 큰 이유라는 것을 가르쳐주는 사례이다.

(2) 선발도구의 종류와 요건

가. 대표적 선발도구의 종류

㉮ 각종 시험(지능, 적성, 성취도, 성격, 흥미검사 등)
㉯ 면접
㉰ 경력조사
㉱ 신체검사 등을 들 수 있다.

나. 선발도구의 요건

가) 신뢰성(reliability)

같은 조건하에서 시험을 반복적으로 동일한 사람에게 보았을 때, 결과가 큰 차이가 없이 나타날 경우 신뢰성이 높다고 할 수 있다.

나) 타당성(validity)

측정하고자 하는 기준(직무성과)과 예측(시험성적) 및 측정대상의 내용과 속성을 비교하여 적합성 정도를 검정하여 결과를 얻는 것이다.

예를 들면 시험성적이 우수한 사람이 근무성적도 우수할 때 이 시험은 타당성이 높다고 할 수 있다.

(3) 선발상의 오류

가. 제1유형

시험성적은 낮지만 직무수행에 있어서 기대 이상의 성과를 올릴 수 있었던 지원자를 탈락시킴으로써 야기되는 오류를 말한다.

나. 제2유형

시험성적이 높아 선발하였지만 채용 후 직무수행에 있어서 기대 이하의 결과를 가져온 경우의 오류를 말한다.

4) 인재관 결정과 선발방법

(1) 인재관 결정

① 직무명세서 중심적 인재관(직무수행요건 중 인적요건)
② 직무기술서 중심적 인재관(직무내용, 특성, 기능적 요건)
③ 조직문화 중심적 인재관(사회적 요건) 등으로 구분할 수 있다.

(2) 선발방법

가. 종합적 평가법

선발단계별 점수를 종합하여 선발하는 방법을 말한다.

나. 단계적 제거법

각 단계별 자격수준이 미달되는 지원자는 탈락시키는 방법을 말한다.

5) 선발절차과정

지원자 중에서 조직에 가장 적합한 인적자원을 선발하기 위해서는 지원자에 관한 정보의 정확성을 파악하기 위해 일정한 선발절차(selection procedure)과정을 거치게 된다.

이러한 선발절차과정을 학자에 의한 선발절차과정과 일반적인 선발절차과정으로 구분하여 알아보면 다음과 같다.

(1) 피고어(P. Pigore)와 마이어즈(C.A. Myers)의 선발절차

① 예비면접
② 입사지원서의 검토
③ 경력조사
④ 신체검사
⑤ 선발시험
⑥ 최종면접 등의 과정 등을 제시하고 있다.

(2) 일반적인 선발절차

가. 입사지원서 문항작성

　지원자(applicant)에 관한 정보를 얻기 위하여 교육적 배경과 함께 경력, 보유기술, 취득한 자격이나 면허, 가족상황 등을 지원서에 작성하도록 하고 있다.
　최근에는 개인용 컴퓨터의 조작능력, 외국어 능력 등을 추가하여 기재하도록 하여 서류전형에서 필요한 정보를 더 많이 확보하려고 하고 있다.
　단, 입사원서인 지원서의 기재항목에는 지원자의 자존심에 상처를 줄 수 있는 문항은 가급적 피하는 것이 좋다.

| 그림 5-2 | **선발절차과정**

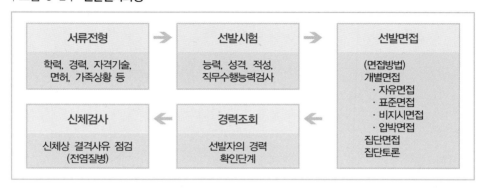

나. 선발시험

선발시험(selective examination)은 주로 지식요건을 판단하기 위하여 보편적으로 실시하는 방법으로서 이는 얼마 전까지만 해도 선발과정에서 선발의사결정에 가장 큰 영향을 주는 것으로 인식되어 왔다.

그러나 최근에는 지적능력 외에도 적성이나 인성, 열정 등이 중시되면서 필기시험 의존도가 점차적으로 줄어드는 경향도 있다. 이러한 경향으로 인하여 능력과 적성 및 인성에 관한 심리검사들이 개발되어 지원자에 대한 중요정보를 얻는 데 활용되고 있다.

다. 면접

면접(interview)은 필기시험과 함께 선발과정에서 매우 중요시되는 과정으로서 필기시험에서 알 수 없는 지원자의 용모, 태도, 성장배경 등을 알아보기 위한 것이다.

면접은 극히 주관적인 판단에 의존한다는 약점에도 불구하고, 경영자나 인사담당자에게 면접의 중요성은 널리 알려져 있다.

이러한 면접을 이용하여 직무요건과 관련하여 시험결과를 재확인한다든지 또는 인상을 통하여 육감적으로 조직에 기여할 수 있는 지원자인지를 판단하기도 하는 경영자들이 상당히 많다.

면접은 면접기법의 정형화된 정도와 참가자 수에 따라 아래와 같이 여러 형태의 면접방법 등을 고려할 수 있다.

면접방법의 종류(개별면접, 집단면접, 집단토론)와 장단점을 살펴보면 〈표 5-2〉와 같다.

| 표 5-2 | 면접방법의 종류와 내용

구분		내용
개별면접		면접자가 지원자를 개인별로 면접하는 방법 장점 : 인물평가 면에서는 가장 효과적이다. 단점 : 면접시간이 많이 소요된다.
	자유면접	면접분위기에 따라 자유롭게 진행 장점 : 지원자의 인성과 적성 파악이 쉽다. 단점 : 면접자의 주관과 편견이 평가를 좌우한다.
	표준면접	면접자의 질문과 평가과정을 표준화시킴 장점 : 평가의 객관성 확보 단점 : 지원자의 성장과정 파악의 어려움
	비지시면접	지원자의 발언 위주로 진행하는 면접 장점 : 면접자의 질문사항에 구애받지 않고 지원자에 대한 관찰이 가능 단점 : 객관적인 평가와 비교의 어려움
	압박면접	지원자에게 불쾌감을 주어서 자제력, 인내력 및 판단력 등의 변화를 관찰하는 면접 장점 : 긴장을 요구하는 직무에 효과가 있다. 단점 : 면접 후 면접자 또는 조직에 나쁜 이미지
집단면접		여러 명의 지원자를 동시에 면접하는 방법 장점 : 집단 속에서 취하는 개인행동관찰 가능 단점 : 개인적인 질문이나 깊이 있는 질문 불가능
집단토론		• 주어진 주제를 갖고 지원자끼리 토의하는 방법 • 지원자의 사회적 능력(적극성, 협조성, 이해력, 지도력, 조직 적응력, 발표력 등)을 종합적으로 평가하는 데 가장 적절한 방법

라. 경력조회

경력조사(background investigation), 전력조사(investigation of previous history) 또는 신원조회(reference check)라고도 하는데, 과거의 경력을 조사하여 그것이 직무와의 연관성이 있는지를 판단하여 선발하고자 하는 것이다.

마. 신체검사

신체검사(physical or mental examination)는 직무수행과 관련하여 신체 및 정신적 능력의 직무수행 적합성을 조사하는 과정이다.

특히 신체적 부적격자의 발견, 각종 질환 소유자의 발견과 약물중독자의 발견은 직무적응상 매우 중요한 조건이 된다.

3. 배치관리

1) 정의

배치(placement)란 신입배치 즉 선발된 신입 인적자원들에게 일정한 직무를 담당하게 하는 것을 의미한다.

배치관리(placement management)는 적재적소의 원칙에 입각한 적정 배치와 재교육 및 훈련, 생활지도, 조직환경의 개선 등을 위해 선발된 인적자원들에게 합리적인 배치가 이루어지도록 하는 관리활동이다.

2) 중요성

조직의 목표와 개인의 목표달성을 위해 선발된 인적자원이 가지고 있는 지식, 기술, 능력 등을 고려하여 이에 적합한 직무를 수행하도록 합리적으로 배치하는 것이 인적자원 배치관리의 기본이며 중요성이라고 할 수 있다.

3) 원칙

선발된 신입 인적자원들에 대한 체계적이고 효율적인 배치를 위해 아래 네 가지 원칙을 지켜야 한다.

| 그림 5-3 | 배치관리의 원칙

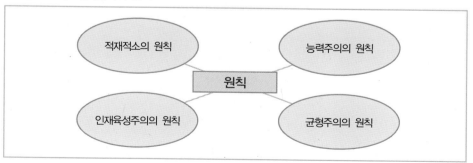

(1) 적재적소의 원칙

해당 직무에 가장 적합한 신입 인적자원을 배치하여야 한다.

(2) 능력주의의 원칙

현재 능력과 미래의 잠재능력을 고려하여 배치하여야 한다.

(3) 인재육성주의의 원칙

인재육성을 위한 성장개념에서 접근하여야 한다.

(4) 균형주의의 원칙

모든 신입 인적자원들에게 균등한 기회를 제공하여야 한다.

4) 효율적 배치관리를 위한 고려사항

공정하고 합리적인 배치관리를 위해 고려해야 할 사항으로

① 합리적인 기초자료(직무기술서와 명세서)와 보조자료(조직도와 SOP) 확보
   여부
② 선발 인적자원에 대한 공정하고 합리적인 평가
③ 조직목표와 개인목표와의 일치 여부
④ 배치 예정 직무에 대한 사전교육 실시 여부
⑤ 경력 및 능력개발의 가능성 여부
⑥ 연공주의와 능력주의의 조화 여부
⑦ 내부모집과 외부모집 간의 조화 여부
⑧ 상하 간과 동료 간의 인간관계 등을 들 수 있다.

4. 인공지능을 활용한 채용프로세스

1) 정의

입자지원서에는 대개 출신 학교, 학점, 영어 점수, 지원자의 배경과 지원동기가 있는 자기소개서 등이 기재되어 있다. 입사 지원자가 많은 경우 채용담당자가 직접 검토하는 데만도 많은 시간이 소요되었으나, 최근 인공지능을 활용해 서류심사, 온라인 면접, 인적성 검사 등을 진행해 시간과 수고를 절약하는 사례가 늘어나고 있는 추세이다.

| 그림 5-4 | **포스코 인터내셔널 채용 절차(2021.03.)**

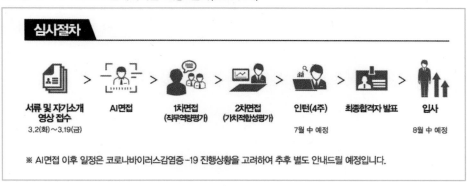

AI는 첫째, 지원자의 입사지원서를 분석해 지원자가 조직의 직무에 적합한 우수 인재인지 아닌지를 판별한다. 둘째, AI 면접을 통해 질문에 대한 지원자의 답변과 반응을 실시간으로 모니터링 한다.

2) 서류심사

AI의 채용 업무는 크게 소싱(sourcing), 스크리닝(screening), 매칭(matching)으로 분류할 수 있다.

① 소싱(sourcing) : 구직자가 채용 사이트 또는 해당 조직 홈페이지에 이력서를 업로드하면, AI가 방대한 양의 이력서를 검토하여 해당 조직에 적합한 지원

자를 찾아내는 업무를 수행한다.

② 스크리닝(screening) : 기존 조직에 근무하고 있는 직원들의 우수한 성과를
내는 데이터와 지원자의 데이터를 비교해 일정한 기준을 토대로 후보자를
평가하는 업무를 수행한다.

③ 매칭(matching) : AI가 지원자의 특성과 보유기술, 희망 연봉 등을 종합적으
로 고려하여 업무 적합 정도를 판정하고, 필요한 직무와 구직자를 매칭하는
업무를 수행한다.

3) AI 화상면접

우리나라 은행권 중 국민은행이 제일 먼저 AI 화상 면접을 실시했다. 마이다스
인의 AI 채용 솔루션(InAIR)는 지원자의 얼굴, 표정, 감정, 음성, 안면 색상, 맥박,
심장박동은 물론 지원자가 답변한 문장에 대해 키워드를 추출하고, 감정어휘 분
석 등을 통해 조직에 적합한 우수인재를 선발하는 데 정확도를 높인다.

AI 채용프로세스를 활용하고 있는 국내 기업(2021년 기준)
- SK하이닉스, CJ제일제당, 롯데제과, 기아 등 : 서류 심사
- 포스코, SK이노베이션, 이베이코리아, 우아한형제들, 국민은행, 하나은행, JW중외제약 등
 : AI 화상 면접
- 한미약품, 신한아이타스 등 : AI 인적성 검사

| 그림 5-5 | **AI의 사물 및 얼굴 인식 (출처: 셔터스톡)**

4) 특징

(1) AI 채용프로세스의 장점으로는 효율성과 신속성, 객관성과 공정성을 들 수 있다.

① 신속성
② 효율성
③ 객관성
④ 공정성

(2) 단점

① 편향성
② 부정적 여론
③ 프라이버시 논란

인공지능을 활용한 비대면 채용에 대해

① 시간 절약과 장소에 구애 받지 않는 효율성
② 코로나19 감염 위험에 안전
③ 직접 대면하는 부담감 해소
④ 편안한 환경에서 참여함으로써 긴장 완화 등으로 장점이 많은 것으로 평가했다.

| 그림 5-6 | 비대면 채용과 대면 채용 경험 평가(출처 : 사람인)

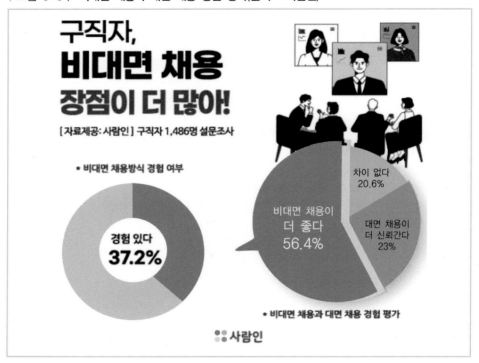

5) AI 면접 연습

해외의 '링크드인(Linked in)'은 2020년 5월 마이크로소프트의 AI코칭툴인 프레젠터 코치(presenter coach)를 이용한 AI 면접 연습 도구를 공개했다. 프레젠터 코치는 연습하는 사람이 습관적으로 사용하는 단어, 분당 단어 수, 억양, 속도 등을 분석하고 조언한다. 국내의 경우 채용 포털사이트인 '사람인'의 '아이엠그라운드 어플'이 비슷한 서비스를 제공하고 있다. 이 어플 역시 연습하는 사람의 시선, 발음, 속도, 표정, 목소리, 표절률 등을 분석하여 조언해 준다.

[그림 5-6]의 사람인에서 시행한 설문조사에 응답한 구직자들 대부분이 온라인 인적성 검사, AI 모의면접, 더 정확한 발음과 언어구사 등의 구술 연습, 회사 정보 암기, 호흡과 표정변화 등의 셀프 영상 촬영 등을 통해 사전준비를 하는 것으로 나타났다.

칼 앨브레이트(Karl Albrecht)의 '서비스의 7대 죄악'

1. 무관심(apath) : 나와는 관계가 없다는 식의 고객에 대한 무관심 행위

2. 무시(brush-off) : 고객의 요구와 문제를 무시하고 피하는 행위

3. 냉담(coldness) : 고객에 대한 적대감, 퉁명스러움, 불친절, 조급성, 고객입장을 무시하는 행위

4. 생색내기(condescension) : 생색내거나 건방진 태도

5. 로봇화(robotism) : 기계적인 응대행위, 따뜻함과 인간미가 없는 행위

6. 규정 핑계(rule book) : 조직내부규정 핑계행위, 재량권과 예외불인정으로 상식이 통하지 않는 경우

7. 뺑뺑이 돌리기(run around) : 고객을 뺑뺑이 돌리는 행위

제6장

인사고과제도

인사고과제도

제1절 인사고과제도의 전반적 이해

1. 인사고과제도의 개요

직무평가는 조직의 목표를 달성하기 위하여 각 직무의 상대적 가치를 체계적으로 결정하기 위한 제도임에 반하여, 인사고과(personnel rating 또는 performance evaluation)는 여러 직무에 종사하고 있는 구성원들의 직무수행성과, 능력, 근무태도 등을 조직의 유용성 관점에서 종합적으로 평가하여 이들의 상대적 가치를 주기적으로 평가하는 제도이다.

이러한 인사고과제도는 전략적 인적자원관리 관점에서 매우 중요한 부분을 차지하고 있으며 또한 경영이념과 경영전략의 목표를 인사고과제도에 반영하여 구성원들의 성과를 철저하게 관리한다.

2. 인사고과의 정의

인적자원관리의 합리화, 능률화, 공정화를 기하기 위한 기초자료를 만들어 구성원들의 인사이동, 임금책정, 능력개발 등에 활용할 목적으로 개개인의 직무수행성과, 능력, 근무태도 등을 평가하는 관리기능을 인사고과(employee rating)라고 정의할 수 있다.

이를 일명 능률평정(efficiency evaluation), 인적자원평정(personnel evaluation) 또는 성과평정(performance evaluation) 등으로 부르기도 하지만 현대적 의미의 인사고과는 성과평정(performance evaluation)을 의미한다.

여러 학자들의 인사고과에 대한 정의를 살펴보면 〈표 6-1〉과 같다.

| 표 6-1 | **인사고과의 정의**

학자	정의
P.C. Smith & M.J. Murphy	구성원들이 소속하고 있는 조직 내에서 그들의 가치를 질서있게 평가하는 것
J.F. Mee	조직에 있어서 인적자원이 보유하고 있는 현재적 및 잠재적 유용성을 주기적으로 평가하는 방법
A. Langsner	인적자원의 능력 · 근무성적 · 자격 · 습관 · 태도의 상대적 가치를 조직차원의 사실에 입각하여 객관적으로 평가하는 절차

3. 인사고과의 특징

인사고과의 특징을 살펴보면,

① 구성원을 대상으로 하며,
② 구성원과 직무와의 관계를 평가하며,
③ 상대적인 평가(성과: 상대평가, 능력 : 절대평가)를 하며,
④ 특정 평가목적(성과목적, 능력목적)에 적합하도록 평가요인을 조정하고 있다.

사실 인사고과제도를 공식적으로 채택하고 있지 않는 소규모 조직에서도 모든 상급자들이 일상근무를 통하여 어떤 형태로든지 부하구성원의 능력이나 근무성적을 평가하고 있다고 볼 수 있다.

그러나 공식적 인사고과제도 없이 부하구성원을 평가할 때에는 그릇된 판단이나 특정구성원에게만 가지는 지나친 호감을 최소화시킬 수 없기 때문에 인사고과에서 불공정성이나 속단주의를 막을 방법이 없다.

이런 경우에는 상급자가 자신의 판단이 정당하고 공정하고 합리적이라는 것을 증명할 수가 없게 된다.

그러므로 합리적이고 체계적인 인사고과제도의 확립이 반드시 필요하며 이러한 인사고과제도에 조직의 경영이념과 가치 그리고 전략목표 등을 반영할 경우에는 매우 중요한 역할을 할 수 있다.

4. 인사고과의 목적

인사고과는 구성원의 직무수행능력과 성과를 객관적으로 측정하고 평가하여 구성원의

① 임금결정
② 성과 향상 여부 확인
③ 성과 피드백과 인력개발
④ 승진, 배치전환 등의 인사이동
⑤ 징계 등의 상벌결정
⑥ 인사기록의 문서화
⑦ 동기부여와 태도형성 등에 필요한 기초자료들을 얻는 것이 주목적이다.

특히 연공서열 중심에서 벗어나 구성원 개인의 능력과 성과 중심의 인사고과 관리체제로의 전환을 시도하는 조직들이 늘어나면서 인사고과제도에 관한 전반적인 재검토가 요구되는 등 인사고과제도의 효율적 활용이 많은 주목을 받고 있다.

그러므로 인사고과의 목적은 인적자원의 효율적 배치와 이동, 개발, 계획수립 및 관리, 성과측정과 보상, 조직개발과 동기부여 등을 위해 실시하는 데 있다.

| 표 6-2 | 인사고과의 목적

목적	내용	비고
인적자원의 배치 및 이동	각 구성원의 능력에 적합한 적재적소의 배치에 활용	배치전환, 승진, 승급, 징계, 복직, 이직 등

목적	내용	비고
인적자원의 개발	구성원의 정확한 능력을 파악하고 능력개발에 활용	교육훈련(사내, 사외), 경력개발(경력경로계획 수립)
인적자원관리계획 및 기타 기능의 타당성 검증	구성원의 연령, 성별, 직종, 기능도, 근무연도 등에 따라 장·단기 인력개발계획 수립에 요청되는 양적·질적 자료를 제공 인사고과로 구성원의 근무능률 평정과 해당 구성원의 채용시험·승진 등에 대한 타당성을 측정하는 도구로 활용	인적자원관리계획에 필요한 인적 데이터 확보(관리자 목록, 기능목록), 채용, 배치전환, 승진 등의 인적자원관리기능의 타당성 검증
성과측정 및 보상	구성원의 성과측정으로 인적자원의 관심사인 승급, 상여금, 임금결정 및 승진에 활용	승진, 승급, 상여금, 임금결정 등
조직개발 및 근로 의욕 증진	직무담당자의 조직과 직무조건의 결합의 발견과 개선을 위한 계기를 찾고 구성원의 성취의욕과 동기부여의 자극제로 활용	직무개선, 성취의욕 증진, 자아실현의 욕구충족

자료 : 황대석, 인사관리, 서울:박영사, 1986, p. 233, 저자 재구성

5. 인사고과의 중요성

직무수행능력, 성과, 적성, 잠재성 등의 개인 인사정보자료를 근거로 한 처우 및 인재활용 등을 지향하는 능력 위주의 제도 도입과 정착이 강조되고 있는 전략적 인적자원관리의 효율적 운영을 위해 인사고과의 역할이 매우 중요하다고 볼 수 있다.

전통적 고과방식(통제형, 사정형)에서 현대적 고과방식(인재육성형)으로 변화하고 있을 뿐만 아니라 인사고과의 목적, 주체, 대상, 방법 등에서 많은 변화가 이루어지고 있다.

그러므로 전략적 인적자원관리의 효율적 운영을 위해서 통제·사정형 인사고과보다 인재육성형 인사고과의 중요성에 더 큰 비중을 두게 되었다.

6. 전통적 · 현대적 인사고과의 차이점

전통적 인사고과와 현대적 인사고과 간의 차이점에 대해서는 다음 〈표 6-3〉에서 비교하였다.

| 표 6-3 | 전통적 · 현대적 인사고과의 비교

전통적 인사고과	현대적 인사고과
통제형	인재육성형
실적에 의한 결과 중시	과정에 의한 결과 중시
사정과 선별의 논리	개발과 육성의 논리
상대적 고과중심	절대적 고과중심 (성과 : 상대적 고과중심, 능력 : 절대적 고과중심)
비공개지향	공개 및 피드백
개인지향적 고과	조직지향적 고과
정기평가, 하향식 평가	수시평가, 지도육성평가
고과자 위주	피고과자 위주
감점주의	가점주의

7. 인사고과의 구성요소

인사고과의 주요 구성내용인 직무수행성과, 직무수행능력, 직무수행태도 등과 같은 세 가지 구성요소별 내용을 알아보면,
직무수행성과로는

① 업적(성과) 달성도
② 직무처리내용
③ 직무개선여부
④ 직무지식함양 등을 들 수 있다.

직무수행능력으로는

① 기획·독창력
② 판단력
③ 통솔력
④ 추진력 등을 들 수 있다.

그리고 직무수행태도로는

① 책임감
② 협동성
③ 근무태도
④ 근면성 등을 들 수 있다.

(단, 기능별, 부문별과 직종에 따라 배점기준에 차이가 있을 수 있음)

◯ 제2절 인사고과자의 유형 · 방법 · 과정

1. 인사고과자의 유형

인사고과(personnel rating)는 직속상사를 비롯하여 여러 부류의 고과자에 의하여 이루어지고 있는데 일반적으로 인사고과의 1차 고과자는 직속상사이며, 2차 고과자는 직속상사의 상사인 차상급자이다.

더불어 피고과자 본인에 대한 평가를 위해 자기신고서와 자기평가서 작성, 동료에 의한 평가, 하급자에 의한 상급자 평가, 고객과 전문고과자에 의한 평가 등도 함께 시행하고 있는 조직도 있다.

따라서 조직의 규모와 상황에 따라서 직속상사와 차상급자 이외 다른 유형의 고과자들에 의한 인사고과의 중요성도 강조되고 있다.

| 그림 6-1 | 인사고과자의 유형

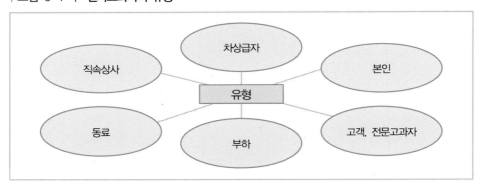

1) 직속상사에 의한 평가

이 평가는 가장 많이 사용되고 있는 인사고과의 유형이며 평가는 직속상사의 고과능력에 달려있다.

직속상사가 가장 중요한 인사고과자인 이유로는

① 조직의 목표를 부하구성원의 성과목표에 반영하고,

② 일상업무관리와 감독이 가능하며,

③ 직접적으로 효과적인 동기유발이 가능하며,

④ 성과지향적 행동유도가 가능하며,

⑤ 부하구성원을 직접 지도하고 육성할 수 있음 등을 들 수 있다.

위의 이유들로 인하여 직속상사의 고과능력배양을 위해 인사고과 실시 전에 일정기간 동안 인사고과교육을 직속상사들에게 실시하여야 한다.

장점으로는

① 피고과자를 가장 잘 이해하고,

② 피고과자의 행동과 직무성과를 항상 관찰하고 있으며,

③ 조직으로부터의 합법적인 권한이 위임되어 있으며,

④ 인사고과 실시의 용이함 등을 들 수 있다.

단점으로는

① 피고과자에 대한 통제 및 위협수단으로 활용하며,

② 평가결과에 대한 책임을 회피하며,

③ 공정성과 신뢰성에 대한 의문제기 등을 들 수 있다.

2) 차상급자에 의한 평가(직속상사의 상사)

이는 2차 고과자에 의한 평가로서 1차 고과자의 고과만을 반영할 경우에는 1차 고과자의 고과평가가 절대적일 수 있기 때문에 이러한 1차 고과자에 대한 견제의 수단으로서 2차 고과자의 인사고과를 실시하고 있다.

장점으로는

피고과자에 대한 1차 고과자인 직속상사의 인사고과 결과에 대한 공정성과 신뢰성을 위한 보완적인 수단이 될 수 있다.

단점으로는

① 피고과자와의 접촉기회가 적기 때문에 행동관찰 기회도 적으며,

② 관리 · 감독해야 할 피고과자의 수가 많으며,

③ 평가결과의 정확성과 신뢰성 저하 등을 들 수 있다.

3) 본인에 대한 평가(자기평가)

본인에 대한 평가는 직속상사와 차상급자에 의한 인사고과 결과에 대한 보완적인 자료로 활용하기 위해 사용하는 고과방법으로서 자기신고서와 자기평가서를 본인이 직접 작성하도록 하고 있다.

장점으로는

① 직무수행과 성과관련 정보획득
② 직무만족과 향상 정도
③ 평가에 대한 불만 제거
④ 적극적인 직무성과 검토 등을 들 수 있다.

단점으로는

① 과대평가 초래
② 보완적인 자료로만 활용 등을 들 수 있다.

4) 동료에 의한 평가

동료에 의한 평가는 피고과자를 직속상사와는 또 다른 각도에서 관찰된 정보를 제공하며 피고과자의 성과에 대한 피드백과 능력개발에 있어서 매우 유용한 수단이 될 수 있다.

이러한 평가는 팀(team)제로 구성된 조직에서 보편화되어 있으며 피고과자의 미래 성장가능성을 예측해주기 때문에 능력개발 목적으로 사용되는 경우가 많다.

장점으로는

① 미래 성장가능성을 예측할 수 있으며,
② 신뢰성과 타당성이 높은 편이다.

단점으로는

① 우정과 친밀감이 평가에 영향을 주며,
② 경쟁적 상황에서의 동료 간 부정직한 평가가능성을 들 수 있다.

5) 부하에 의한 평가

이를 상향식 평가(upward evaluation) 또는 부하에 의한 평가(subordinate evaluation)라고도 하는데 이 방법은 부하가 상급자의 직무수행태도, 직무능력 그리고 부하와의 관계 등을 평가하는 것이다.

이 평가방법은 인사고과의 보완적인 목적을 위해 다른 인사고과자의 평가유형들과 병행해서 사용되고 있다.

상급자를 평가하기 위한 평가요소로

① 구성원 간의 협조와 팀워크(teamwork) 조성능력
② 상하 간의 커뮤니케이션 능력
③ 직무수행상의 질적 수준
④ 리더십
⑤ 기획능력
⑥ 권한위임과 자율성 부여 수준
⑦ 능력개발에 대한 관심도 등을 들 수 있다.

6) 고객과 전문고과자에 의한 평가

이 평가는 인사고과의 객관성을 확보하기 위해 행하여지는 방법이므로 조직상황에 따라서 매우 유용하게 사용될 수도 있다.

고객에게 조직에 대한 대표성 있는 평가요소를 제공하여 피고과자를 평가하게 함으로써 객관성 확보를 위한 보완적인 자료로 활용하며 또한 전문고과자 즉 인사고과 전문연구기관, 외부 인사고과 관련업체 등에 의뢰하여 구성원 전체를 객관적으로 평가하는 방법이다.

이상과 같이 인사고과자의 유형을 알아본 결과 가장 많이 사용되고 중요한 평가는 직속상사에 의한 평가방법이다. 그리고 차상급자가 2차 고과자로 참여하고,

이러한 1, 2차 평가결과를 근거로 하여 인사부에서 취합하고 정규분포곡선을 이용하여 조정된 최종 평가결과가 점수화되어 순위가 만들어진다.

이러한 과정이 제일 기본적인 인사고과과정이며 더불어 본인에 의한 평가(자기신고서와 자기평가서의 작성 및 제출), 동료에 의한 평가, 부하에 의한 평가와 고객과 고과전문가에 의한 평가 등은 구성원의 미래 성장가능성에 대한 보완적 자료로 활용하고 있다.

2. 인사고과방법

1) 선정요인

인사고과방법의 선정에 영향을 미치는 중요한 요인으로는

① 조직의 규모
② 업종(호텔, 여행, 항공 등)
③ 조직관리 수준
④ 인사고과의 사용목적
⑤ 고과자의 평가능력
⑥ 피고과자의 직무 등을 들 수 있다.

서비스기업들은 직종이 비교적 다양하고 평균 학력이 낮은 점 등을 감안하면 비교적 단순한 평가방법을 선정하는 것이 좋다.

그 이유는 인사고과방법에 대해서 고과자는 물론 피고과자가 쉽게 이해할 수 없는 방법을 택할 경우 서로가 고과결과에 대하여 승복할 수가 없기 때문이다.

2) 유형

인사고과에는 여러 가지 방법들이 사용되고 있는데 전통적으로 사용되는 방법들을 요약 · 설명하면 다음과 같다.

| 그림 6-2 | **인사고과방법**

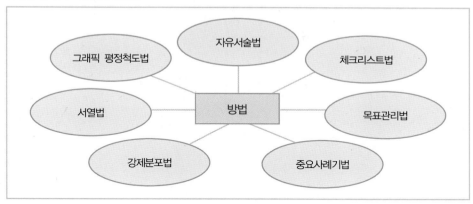

(1) 그래픽 평정척도법

그래픽 평정척도법(graphic scale method)은 가장 널리 사용되고 있는 방법으로서 평가요소마다 주어진 측정척도에 따라 피고과자에 대한 평가를 표시하는 방법이다.

척도(scale)는 사물이나 사람의 특성을 수량화하기 위해 체계적인 단위와 함께 그 특성에 숫자를 부여하는 것이다.

| 표 6-4 | **척도의 종류와 특성**

종류	특성	활용분야
명목척도 (nominal scale)	숫자에 의한 분류	성별, 우편번호, 학번 등
서열척도 (ordinal scale)	대상의 상대적 위치 지정	성적순, 키순서, 생일순 등
등간척도 (interval scale)	동일한 간격마다 동일한 차이 부여	온도차이, 달력의 날짜 등
비율척도 (ratio scale)	영점(zero)을 정해 놓고 절대값 비율을 계산하여 이용	표준점수, 무게단위, 길이단위 등

그래픽 평정척도법 중 심리적 상태와 교육적 측면을 평가하기 위한 척도로 서열척도와 등간척도를 많이 사용하고 있다.

평가요소들을 가능하면 간단히 기술하고 척도의 각 단계를 설명하여 평가요소와 척도단계에 대한 고과자들의 이해를 높임으로써 평가결과의 정확도와 신뢰도를 높일 수 있다.

(2) 자유서술법

자유서술법(essay method)은 피고과자의 직무수행성과나 행동특성 등 주어진 평가요소를 중심으로 고과자가 자유로이 서술하는 방법이다.

고과자가 피고과자를 가장 자세히 설명할 수는 있으나 고과자의 서술방법과 스타일에 따라서 평가내용에 많은 차이가 발생할 수 있다.

(3) 체크리스트법

체크리스트법(checklist method)은 피고과자의 직무수행성과나 개인적 특성에 대한 질문을 중심으로 고과자에게 가부를 표시하게 함으로써 피고과자를 평가하는 방법이다.

질문마다 가중치를 배정하여 평가결과를 수치로 간단하게 계산할 수도 있으나 직무마다 해당되는 질문이 다르므로 조직 전체의 평가가 어려우며 또한 직무마다 서로 다른 질문들을 설계하여야 하므로 많은 시간이 요구된다.

(4) 서열법

서열법(ranking method)은 피고과자들을 서로 비교하여 그 순위를 정하면서 평가하는 방법으로서 서열법에는 단순서열법(straight ranking method), 교대서열법(alteration method), 조별비교법(paired comparison method) 등을 들 수 있다. 이 서열법은 피고과자의 수가 제한되어 있을 때에 사용할 수 있는 방법이다.

① 단순서열법 : 평가요소별로 서열을 정하여 평가하는 방법이다.
② 교대서열법 : 가장 우수한 구성원과 가장 열등한 구성원을 선택하여 서열을 정한 후 나머지 구성원들도 같은 방법으로 선택하여 평가하는 방법이다.
③ 조별비교법 : 두 명의 구성원을 한 조로 하여 조별로 비교하면서 서열을 정하는 방법이다.

(5) 강제분포법

강제분포법(forced choice method)은 그래픽 평정척도법에서 흔히 나타나는 관대화 경향이나 중심화 경향을 줄이기 위하여 사용되는 방법으로서 평가요소마다 주어진 몇 개(보통 5~7개)의 척도 중에서 피고과자에 해당하는 척도에 체크로 표시하도록 되어 있다.

척도마다 점수도 다르게 배정하여 평가결과를 수치로 계산할 수도 있으며 평가요소마다 정규분포(normal distribution)도를 사용함으로써 평가의 집중화 경향을 억제할 수 있으나 피고과자 간의 경쟁과열 유발, 고과자의 재량권 축소, 일부 피고과자에 대한 낮은 등급 부여로 사기저하를 초래할 수도 있다.

(6) 중요사례기법

중요사례기법(critical incident method)은 고과기간 동안에 일어난 중요 사건 즉 효과적 직무수행과 비효과적 직무수행 사례를 기록해 두었다가 이를 중심으로 피고과자를 평가하는 방법이다.

이 방법은 조직목표 달성에 대한 기여 정도를 피드백(feedback)할 수 있도록 정보를 제공해주는 장점은 있으나, 단점으로는 중요 사건에 대한 기록을 유지하기 위해 많은 시간이 요구될 뿐 아니라 어떠한 사건들을 기록해 두는 개념이 고과자마다 다를 수 있다는 데 있다.

(7) 목표관리법

목표관리법(management by objective: MBO)은 직속상사와 협의하여 개인별 목표량을 설정하고 목표량에 대한 성과를 고과자와 피고과자가 같이 측정하고 확인하는 고과방법이다.

일반적으로 위의 여러 방법들 중에서 그래픽 평정척도법이 가장 많이 사용되고 있으며 다음으로는 목표관리법, 체크리스트법, 서열법, 강제분포법, 중요사례기법의 순서로 많이 사용되고 있다. 목표관리법은 서비스기업 내의 영업직을 대상으로 성과평정 시에 많이 사용되고 있으며, 자유서술법은 미국기업에서 관리직을 대상으로 많이 사용되고 있다.

| 표 6-5 | 인사고과방법 비교표

1. 그래픽 평정척도법

업적달성도 :

20 19 18 17	16 15 14 13	12 11 10 9	8 7 6 5	4 3 2 1
우수	양호	평균	평균미달	불량

2. 자유서술법

평가기간 동안에 피고과자가 달성한 업적에 대하여 자세히 기술하시오.

3. 체크리스트법

	가	부	또는	수치
근무시간을 잘 지킨다.	——	——		□ □ □
책임감이 있다.	——	——		□ □ □
자기계발에 노력한다.	——	——		□ □ □
팀워크에 적극적으로 기여한다.	——	——		□ □ □

4. 서열법

단순서열법, 교대서열법, 조별비교법

피평가자	업적달성수	업무추진력	부하 육성	책임감	합계	서열
A	1	3	2	1	7	1
B	5	1	1	2	9	2
C	2	2	4	5	13	3
D	6	4	3	3	16	4
E	3	6	5	4	18	5
F	4	5	6	6	21	6

5. 강제분포법

- 자기 직무에 관한 모든 사항을 완전히 파악하고 있다.
- 표현력이 매우 좋다.
- 치밀한 관리가 요구된다.
- 직무수행 중에 부주의하고 과오를 자주 범한다.

---

6. 중요사례기법

중요 사건, 효과적 직무수행과 비효과적 직무수행 사례를 기록하여
조직목표 달성에 대한 기여 정도를 피드백하는 방법

7. 목표관리법(MBO)

고과자와 피고과자의 협의하에 목표량을 설정하고
목표량에 대한 성과의 차이를 측정하고 확인하는 방법

---

3. 인사고과과정

　일반적으로 시행되고 있는 인사고과과정은 〈표 6-6〉과 같이 5단계 과정으로 시행되고 있으며, 인사고과과정 참여자는 일반적으로 피고과자, 직속상사, 차상급자, 인사부와 인사위원회로 구성되어 있다.

| 표 6-6 | 단계별 인사고과과정

구분	참여자	내용
1단계	피고과자	자기신고서와 평가서 작성
2단계	1차 고과자 (직속상사)	피고과자의 자기신고서와 평가서는 차상급자에게로 전달, 피고과자와의 면담 후 작성된 고과표를 인사부로 전달
3단계	2차 고과자 (차상급자)	피고과자의 자기신고서와 평가서와 함께 피고과자와의 면담 후 작성된 고과표를 인사부로 전달
4단계	인사부서	피고과자가 작성한 자기신고서와 평가서, 1차 고과자의 고과표와 2차 고과자의 고과표를 취합하여 조정점수화하고 직무별, 직급별 등수를 책정한 후 인사위원회 상정
5단계	인사위원회	인사부에서 조정점수화된 조직구성원 전체의 고과자료를 제출받아 심의하며 합리적이고 공정한 인사이동의 조치를 결정한다.

　단, 대부분의 조직에서는 피고과자에게 통제·사정지향적인 인사고과(성과평정)를 피드백하지 않는다.

만약 피드백하는 경우에는 단순히 형식적인 고과면접이 이루어지는 경향이 있다.

그러나 인재육성지향적인 인사고과(능력개발평정)는 피고과자의 요청 시에 면접을 허락한다. 이는 피고과자의 자기계발 즉 능력개발을 위한 동기유발을 제공하기 위함이다.

최근에는 성과를 향상시키기 위해서 피고과자와의 면접을 통해 인사고과에 대한 신뢰성을 얻고자 하며 이러한 신뢰성 제고를 위해서는 고과면담 자체뿐만 아니라 고과자의 태도와 면접기술도 역시 중요하다.

◯ 제3절 인사고과의 문제점과 개선방향

　인사고과는 구성원의 성과를 평가하고 그 결과에 대한 상벌 결정, 성과향상, 교육훈련, 경력개발 등과 연결시키는 중요한 전략적 인적자원관리 기능이다.
　따라서 이러한 기능을 효율적으로 관리하기 위하여 인사고과상의 문제점을 파악하여 개선방향을 알아보고자 한다.

1. 인사고과의 문제점

　인사고과의 문제점은 고과자, 피고과자, 고과제도 및 사회·문화적 특성에 따라 다를 수 있으며 특히 고과자의 평가와 판단이 상황에 따라 오류를 일으키는 경우가 많다. 이러한 오류로 인하여 인사고과에 대한 피고과자들의 거부감으로 직무수행에 대한 성과평가과정이 하나의 형식적인 요식행위로 전락하는 경우가 많다.
　이와 같은 인사고과의 문제점을 고과자의 문제점, 피고과자의 문제점, 고과제도의 미비로 의한 문제점, 사회·문화적 특성에 의한 문제점으로 구분하여 알아보면 다음과 같다.

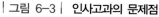
| 그림 6-3 | **인사고과의 문제점**

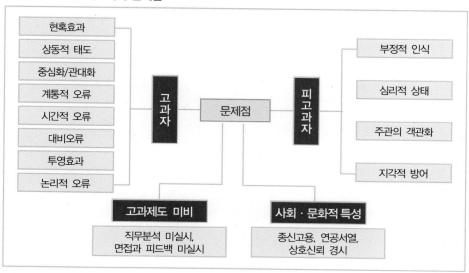

1) 고과자의 문제점

(1) 현혹효과(Halo effect)

이 효과는 고과자가 피고과자의 한 면만 보고 다른 면까지 평가해 버리는 경향을 말한다. 이를 일명 후광효과라고도 하며 이러한 현혹효과는 인사고과의 객관성과 공정성을 파괴하는 중대한 문제점이 되고 있다.

이러한 문제점을 해결하기 위해서는

① 피고과자별로 평가하지 말고 고과요소별로 피고과자를 평가하거나,
② 고과요소의 수를 줄이거나,
③ 한 명의 피고과자를 여러 명의 고과자가 평가하여 객관성을 높이는 것도 문제해결의 방법이 될 수 있다.

(2) 상동적 태도(stereotyping)

상동적 태도를 일명 편견이라고 하며, 이는 고정관념과 관련이 있다. 피고과자의 사회적 속성인 출신학교, 출신지역, 종교, 성별, 연령 및 직종에 대한 편견이 고과결과에 대한 오류를 일으킬 수 있다.

이러한 오류를 방지하기 위해서 그래픽 평정척도법보다 목표관리법을 활용하거나 또는 반드시 그래픽 평정척도법을 이용하고자 할 경우에는 직속상사 이외의 제3자를 고과자로 활용하면 이러한 오류를 예방할 수 있다.

(3) 중심화 또는 관대화 경향

가. 중심화 경향(central tendency)

평가의 결과가 정규분포곡선(normal distribution curve)의 중앙인 평균치에 집중하는 경향을 말한다.

집중화의 경향은 그래픽 평정척도법에서 많이 나타나며 이러한 결점을 해결하기 위해서는 강제분포법과 서열법 등을 보완적 수단으로 활용할 수 있다.

나. 관대화 경향(leniency tendency)

평가의 결과가 정규분포곡선의 중앙인 평균치보다 높은 곳에 집중하는 경향을 말한다.

이러한 결점을 해결하기 위해서는 강제분포법과 서열법 등을 보완적 수단으로 사용할 수 있다.

(4) 계통적 오류(systematic errors)

이를 일명 항상오류(constant errors)라고도 하며 고과의 목적에 따라 고과의 점수가 달라지는 오류이다.

예를 들면 관리목적인 고과의 경우에는 높은 평가를 하나, 감시목적인 고과의 경우에는 낮은 평가를 하는 경우가 여기에 해당된다.

(5) 시간적 오류(recency errors)

최근효과(recent effect) 또는 편중성 오류라고도 하며 고과자가 고과기간인 1년 전체를 두고 피고과자의 성과를 평가해야 하나, 고과자가 쉽게 기억할 수 있는 피고과자의 가장 최근의 성과를 중심으로 평가하려고 하는 데서 생기는 오류이다.

이러한 오류는 중요사례기법과 목표관리기법을 활용하여 예방할 수 있다.

(6) 대비오류(contrast errors)

대조효과(contrast effect)라고도 하며 고과자 자신의 성과를 피고과자의 성과와 대조하여 평가함으로써 생기는 오류이다.

이러한 오류는 고과에 대한 분명한 정의와 지속적인 고과자 훈련에 의해서 예방할 수 있다.

(7) 투영효과(projection effect)

피고과자의 능력과 성과를 평가할 때, 고과자 본인의 능력과 성과에 비추어 평가하면서 생기는 오류로서, 이는 일상생활에서 흔히 볼 수 있는 편견과 일방적 태도 등에서 자주 볼 수 있는 오류이다.

이러한 효과를 예방하기 위해서는 대비오류와 같은 예방법인 지속적인 고과자 훈련이 필요하다.

(8) 논리적 오류(logical errors)

논리적으로 기획력과 분석력의 관계에서 이들은 서로 다른 평가요소들이지만 기획력이 우수하면 분석력 역시 우수할 것이라고 간주해 버리는 데서 생기는 오류이다.

이러한 오류를 예방하기 위해서도 지속적인 고과자 훈련이 필요하다.

2) 피고과자의 문제점

피고과자의 인사고과에 대한 부정적 인식과 심리적 상태 등에 의해서 여러 가지 문제점들이 많이 발생한다.

(1) 부정적 인식(negative cognition)

피고과자는 인사고과에 대한 부정적 인식이 강하다. 그 이유로 주로 인사고과가 상벌과 통제의 목적으로 시행된다는 선입견을 가지고 있기 때문이다.

이러한 부정적 인식을 불식시키기 위해서 고과결과에 대한 피드백을 실시하여 피고과자의 긍정적이고 적극적인 참여를 조성할 필요가 있다.

(2) 심리적 상태(psychological situation)

피고과자의 심리적 상태는 성취동기와 자아개념을 들 수 있으며, 이러한 성취동기와 자아개념은 상호 밀접한 관계가 있다. 즉 성취동기의 수준이 높으면 높을수록 목표지향적이 되고 고과결과에 대한 관심도 높으며 또한 자아개념에 대한 욕구가 크면 클수록 고과결과에 대한 피드백에 관심이 많다.

이러한 고과결과의 피드백으로부터 긍정적인 효과를 경험한 피고과자일수록 인사고과에 더 많은 관심이 있다.

(3) 주관의 객관화(objectification of subjectivity)에 대한 불만

고과자의 주관적인 것을 객관적인 것이 되게 하는 것을 말하며 이는 일 또는 경험을 주관적으로 판단하여 보편적 타당성을 가지는 객관적 지식으로 만드는 것을 의미한다.

이는 고과자 자신의 주관적 특성 및 관점을 피고과자에게 객관적인 것으로 전가시키는 경향에 대한 불만을 말한다.

(4) 지각적 방어(perceptual defence)

피고과자 자신이 좋아하지 않고 관심이 없는 것에 대해서는 회피하는 경향을 의미한다.

이는 자신의 신념이나 태도와 일치하는 일에는 집중적으로 연구하지만, 일치하지 않는 경우에는 회피하는 경향을 말한다.

3) 고과제도 미비로 인한 문제점

① 경영전략과의 연계성 부족
② 직무분석의 미시행으로 인한 합리성과 정확성 부족
③ 인사고과에 대한 신뢰성과 타당성 결여
④ 고과결과에 대한 면담과 피드백의 미실시 등을 들 수 있다.

4) 사회 · 문화적 특성에 의한 문제점

① 종신고용제도
② 전통적인 연공서열제도
③ 상급자, 부하구성원과 동료 간의 신뢰와 친화분위기 경시 등을 들 수 있다.

2. 인사고과의 개선방향

1) 경영전략적 인사고과

경영전략적 인사고과를 시행하기 위해서는 인사고과제도의 평가기준을 고과요소, 평가방법과 고과절차를 고려하여 근본적인 변화를 추진하여야 한다.

이러한 근본적인 변화를 위해

① 경영이념과 경영전략목표를 고과요소에 반영하여 인사고과제도의 신뢰성과 타당성을 높여야 하며,
② 인사고과의 평가결과를 전략적 인적자원 관리활동(상벌, 교육훈련과 경력개발, 인사이동 등)에 적극 활용하여야 한다.

2) 고과면접과 고과자의 훈련

(1) 면접교육훈련 실시

피고과자의 성과와 능력개발에 중요한 역할을 하는 것이 고과자와 피고과자와의 고과면접이다. 이러한 고과면접은 고과결과에 대한 피드백과 토의로 상호이해를 증진시키고 또한 상하 간의 의사소통을 원활히 할 수 있는 수단이 될 수 있다.

그러므로 고과자와 피고과자 간의 고과면접은 인사고과의 운영과 개선에 기여할 수 있는 중요한 방법이 된다.

이러한 고과면접기술을 향상시키기 위해 고과실시 전에 고과자인 면접자에 대한 면접교육훈련을 실시하여야 한다.

(2) 고과자 교육훈련

인사고과제도가 아무리 잘 갖춰져 있더라도 고과자와 조정자인 인사부서가 그 제도를 충분히 이해하지 못하고 객관적이고 합리적인 태도를 견지하지 못하면 구성원들에게 중요한 영향을 미치는 이러한 인사고과제도로는 조직의 목표를 달성할 수 없다.

따라서 고과자와 조정자인 인사부서는 인사고과를 실시하기 전에 인사고과에 영향을 주는 요인인

① 고과요소
② 고과기준
③ 고과방법

④ 고과기술

⑤ 고과윤리 등에 관하여 철저한 교육을 받아야 한다.

그리고 공정하고 합리적인 인사고과의 실시를 위해 고과자가 준수해야 할 사항들은 다음과 같다.

가. 인사고과에 대한 이해

피고과자의 가치를 객관적으로 정확히 평가하여 전략적 인적자원관리 기능을 위한 자료수집의 목적으로는

㉮ 부하구성원의 잠재적 유용성의 발굴

㉯ 적재적소의 배치

㉰ 부하구성원의 능률향상

㉱ 부하구성원에 대한 올바른 이해

㉲ 고과를 통한 자신의 관리능력 향상

㉳ 부하구성원의 결점 교정과 지도감독능력 배양

㉴ 부하구성원의 능력개발 방향모색 및 지도자료 획득 등을 들 수 있다.

나. 인사고과원칙

| 그림 6-4 | **인사고과원칙**

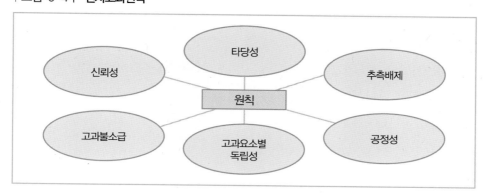

고과자는 인사고과 관리규정에 명시되어 있는 인사고과 원칙을 숙지하고 실행하여야 한다.

    ㉮ 신뢰성과 타당성의 원칙
    ㉯ 추측배제의 원칙
    ㉰ 고과불소급의 원칙
    ㉱ 고과요소별 독립성의 원칙
    ㉲ 공정성의 원칙 등

3) 다양한 평가의 시행

직속상사에 의한 평가 외에 동료, 부하, 고객, 전문기관 등 여러 고과자에 의해 다양한 방법으로 평가하면 특정 고과자들의 평가에 대한 오류를 예방할 수 있으므로 그 타당성의 효과를 높일 수 있다.

4) 인사권의 위임

인사고과제도의 효율적 운영을 위해 인사권을 인사부에서 해당부서로 위임할 필요가 있다.

이는 해당부서의 중간관리자와 감독관리자에게 권한을 위임해줌으로써 직접적이고 효과적으로 부하구성원을 지휘·통솔·감독할 수 있다.

5) 직급별 인사고과 내용과 배분비율

(1) 직급별 인사고과 내용

서비스기업을 중심으로 직급별 인사고과표의 구성내용을 인턴사원, 일반관리사원, 영업·조리직 사원, 관리자 등으로 구분하여 알아보면 〈표 6-7〉과 같다.

| 표 6-7 | 직급별 인사고과 내용: 서비스기업중심

구분	구성내용	비고
인턴사원	직무수행태도/직무수행능력	90점 이상 시 정규직으로 채용
일반관리직	· 경영방침, 경영정책 · 직무지식, 직무수행능력, 판단력, 독자적 직무수행능력 · 고객불평 감소/전사적 품질경영 안전 사고예방, 자기계발 · 종합평가 피고과자의 의견 및 제안 등	5단계로 평가 (5, 4, 3, 2, 1)
영업 · 조리직	· 의욕 및 태도(45%) : 　노력도, 책임감, 적극성, 협조성 · 업무능력(30%) : 　숙련도, 직무지식, 업무처리, 　신속성, 정확성, 이해력, 창의력 · 업적(성과: 25%) : 　성과의 양, 성과의 질, 노력대비 성 　과 등	5단계로 평가 (5, 4, 3, 2, 1 또는 　10, 8, 6, 4, 2)

관리자	의욕 및 태도	능력	업적(성과)
감독관리자	20%	30%	50%
중간관리자	15%	25%	60%
최고경영자	10%	20%	70%

단. 위의 배분비율은 서비스기업의 인적자원관리정책과 인사고과요소 활용방법 등에 따라 다소 차이가 있을 수 있음.

(2) 승진과 승급의 평가배분비율

승진 시에는 연공요소와 고과요소의 비중을 상황에 따라 달리 반영하여 연공요소보다 고과요소에 더 높은 가중치를 두어야 하며, 또한 적용대상 직무에 따라 업적(성과), 능력, 태도, 연공 등의 평가배분비율을 달리하고 있다.

그러나 승급 시에는 연공요소와 고과요소의 조화가 필요하다.

따라서 일반적인 고과요소별 평가배분비율은 업적(성과) > 능력 > 태도 > 연공 순으로 배분하고 있다.

6) 인사고과 결과의 합리적 활용

객관적으로 정확히 측정된 인사고과의 결과에 따라 우수성과자와 기대 이하 성과자에 대한 후속조치가 명확하고 공정하게 이루어져야 한다.

따라서 고과시스템에 의한 고과요인들을 종합평가한 후에 고과를 활용하는 흐름을 살펴보면 [그림 6-5]와 같다.

| 그림 6-5 | **고과시스템과 활용방안**

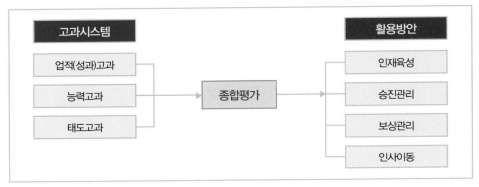

(1) 보상과 인적자원관리관점

인사고과 결과 중에서 업적(성과)과 능력 면을 고려하여 피고과자를 네 부류로 구분하여 각 부류에 적합한 보상과 방안을 알아보면 다음과 같다.

가. 우수능력과 성과자(유능직원)

• 능력과 성과 모두 높은 구성원
• 승진과 승급으로 보상과 자기계발 유도

나. 성과우수자(성장직원)

• 능력은 낮으나 성과가 높은 구성원의 능력개발 유도
• 필요직무수행 능력을 습득하기 위한 자기계발과 교육훈련 실시

다. 능력우수자(문제직원)

- 능력은 높으나 성과가 낮은 구성원은 성과향상 유도
- 동기부여와 인간관계로 성과문제해결 노력

라. 저성과자(결격직원)

- 능력이 낮고 성과도 낮은 구성원
- 동기부여 후 능력개발 유도 및 무능에 의한 시기심 예방
- 일정기간이 지난 후에도 별다른 변화가 없으면 비자발적 이직 고려(권고사직 유도)

(2) 행동변화관점

서비스기업이 지향하는 바람직한 행동을 제시해줌으로써 피고과자 자신의 행동결과에 대한 기대감을 가지게 하면서 바람직한 행동이 자연스럽게 일어나도록 한다.

이와 반대의 경우에는 바람직하지 못한 행동결과를 알려주어 재발방지 또는 재발 빈도수를 줄여주도록 하여야 한다.

| 표 6-8 | 인사고과표의 기본양식내용

고과기간	년 월 일부터	년 월 일까지		
고과대상자	사번:	소속:	직위:	성명:
	직급:	연령:	담당직무:	
고과자	1차 고과자 직위:		성명:	
	2차 고과자 직위:		성명:	

고과내용 (4~5등급으로 구분하여 평가)
　　　평가점수: 10, 8, 6, 4 또는 10, 8, 6, 4, 2

	1차 고과자 평가	2차 고과자 평가
1. 직무성과(40점)		
1) 직무성과와 공헌도 　2) 직무처리의 정확성 　3) 유대관계 및 사회성 　4) 부하육성의 공헌도 등		
2. 직무수행능력(40점)		
1) 직무추진력 　2) 부하구성원 지도 및 통솔력 　3) 판단력 및 처리력 　4) 기획력 및 창의력		
3. 직무수행태도(20점)		
1) 책임감 및 자부심 　2) 자질과 공정성		
4. 평가합계		
5. 종합의견		

인사고과 (KPI / OKR /FTE)

– KPI(key performance indicator) : 우리나라말로 '핵심성과지표'라고 할 수 있으며, 구성원이 목표 달성에 기여한 정도에 따라 성과를 측정하는 지표다. 부서 또는 담당 업무별로 목표를 설정하고 성과를 평가하여 연봉협상 및 승진여부를 판가름한다.

– OKR(objective and key results) : 구글, 페이스북, 인텔 등 글로벌기업이 주로 사용하는 인사고과 방식으로 '구글식 성과평가'라고도 불리고 있다. 주 단위 또는 분기별로 업무를 평가하여 외부 환경에 빠르게 대응한다. 평가주기가 KPI에 비해 짧기 때문에 변화하는 환경에 더욱 신속한 대응을 할 수 있어 최근 국내 기업에서도 OKR을 도입하는 곳이 많아지고 있는 추세이다. OKR은 [그림 6–6]과 같이 팀의 범위, 미션, 마일스톤, 소통원칙, 목표 등을 정하는 목표 결정 프로세스와 그 이후 진행되는 설계, 행동, 평가, 재검토, 최종평가 등의 과정을 반복하여 실행할 수 있다.

– FTE(full–time equivalent) : billing hours 또는 billable hours로도 불리는데 모든 구성원이 클라이언트와 스폰서에게 투자한 근무시간의 총량을 계산하여 총 근무시간에 따라 수행능력을 판가름하고, 이를 인사고과에 반영한다.

| 그림 6–6 | OKR 2가지 실행방법

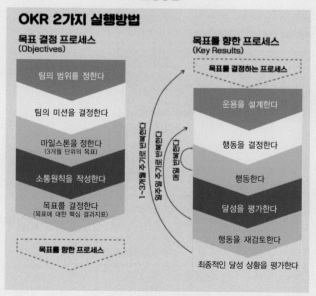

(출처: https://www.hankyung.com/society/article/202103029243i)

마이크로소프트사의 인사평가 질문 3가지

1. 본인의 업적은 무엇인가?

2. 다른 사람의 업적에 얼마나 기여했는가?

3. 다른 사람이 만든 것을 가지고 더 큰 성과를 만들었는가?

서비스요원의 자질향상을 위한 10가지 수칙

1. 환경변화를 인식하고 적응하라.

2. 순리대로 살면서 분수를 지켜라.

3. 3무(無)를 추방하라. (무관심, 무질서, 무책임)

4. 자기계발을 위해 공부하라. (외국어, 관심분야 등)

5. 다양한 인간관계로 필요정보를 입수하라.

6. 건전하고 건강한 심신을 유지하라.

7. 서로의 잘못은 감싸주고 칭찬거리를 찾아라.

8. 다양한 오락과 스포츠를 연마하라.

9. 개인의 능력과 개성을 살려서 업무의 효율성을 추구하라.

10. 조직의 목표를 인식하고 필수요원이 되어라.

제7장

임금관리

제7장 임금관리

제1절 임금관리의 전반적 이해

1. 임금관리의 정의

임금(wage)이란 조직에 기여한 근로의 대가로 구성원에게 지급되는 화폐적 보수를 말한다. 즉 조직에 기여한 생산적 공헌을 근거로 하여 지급되는 일체의 대가를 의미하는 것이다.

우리나라의 「근로기준법」 제2조(정의) 5항에 의하면 "임금이란 사용자가 근로의 대가로 근로자에게 임금, 봉급, 그 밖에 어떠한 명칭으로든지 지급하는 모든 금품을 말한다"라고 정의하고 있다.

임금관리(wage management)란 경제적 임금의 관리로서 여러 형태의 임금들을 합리적이고 체계적으로 보상·관리하는 것이라고 정의할 수 있으며 이러한 임금관리는 구성원에 대한 보상관리의 핵심이다.

2. 임금의 형태

이러한 임금은 세 가지 형태 즉 경제적, 참여적, 사회적 임금으로 구분될 수 있다.

| 그림 7-1 | **임금의 형태**

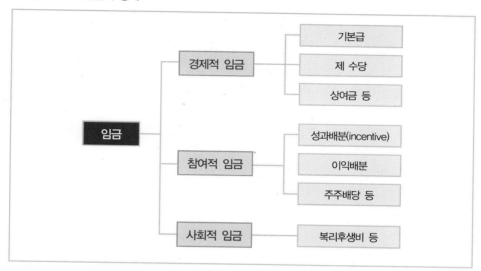

① 경제적 임금: 기본급, 모든 수당, 상여금 등
② 참여적 임금: 성과에 대한 배분(incentive), 이익배분, 주주배당 등
③ 사회적 임금: 복리후생비 등과 같은 부가급

3. 임금관리의 중요성

임금(wage)은 구성원관점, 서비스기업관점, 사회적 관점에서 중요한 의미를 가지고 있으나 그 내용 면에서는 크게 상충되는 면들도 있다.
이러한 임금관리의 중요성을 세 가지 관점으로 구분하여 구체적으로 알아보면 다음과 같다.

1) 구성원 관점

구성원 관점에서의 임금은

① 생계유지의 원천
② 사회적 신분을 규정하는 요소

③ 생리적, 안전, 사회적 욕구충족의 수단

④ 자질향상과 공헌도 증진의 요인

⑤ 재무적 인센티브의 요소로 볼 수 있다.

2) 서비스기업 관점

서비스기업 관점에서의 임금은

① 비용의 요소

② 생산성과 능률성에 대한 영향요인

③ 생산원가의 주요요소

④ 조직이윤의 주요요인

⑤ 조직수입에 대한 비용원천

⑥ 판매가격책정의 주요요인으로 볼 수 있다.

3) 사회적 관점

사회적 관점에서의 높은 임금은 공동사회의 번영을 증대시킬 수 있는 높은 구매력을 구성원에게 부여하게 된다.

그러나 충분한 수입원천의 확보 없이 높은 임금정책의 시행은 서비스기업의 존립 그 자체에 지대한 영향을 미칠 수 있기 때문에 사회적 관점에서 보면 서비스기업과 구성원이 윈-윈(win-win)하는 것이 더 바람직할 수 있다.

그러므로 임금은 임금구조와 관리, 임금수준과 정책, 지급방법과 형태 등에 따라 구성원과 서비스기업뿐만 아니라 더 나아가서는 사회 전체에 지대한 영향을 미치기 때문에 그 중요성이 더욱 강조되고 있다.

4. 임금관리의 목적과 체계

1) 목적

합리적이고 공정한 임금관리는 서비스기업과 구성원 간의 상반되는 이해관계를 조정하여 상호이익이 되는 방향으로 임금제도를 마련하여 노사관계의 안정으로 생산성 향상과 구성원의 생활향상을 도모하고자 하는 데 목적을 두고 있다.

2) 체계

임금관리체계를 설계하고 운영하기 위해서는 아래의 요건들이 충족되어야 한다.

① 합리적인 임금수준 유지
② 공정한 임금기준과 지급
③ 기준임금과 기준 외 임금의 균형유지
④ 조직의 지불능력 고려와 일관성 유지
⑤ 생리적, 안전, 사회적 욕구 충족
⑥ 보상에 의한 동기부여
⑦ 보상체계의 타당성 등

그러나 임금(보상)관리체계의 불만족으로 인하여 아래 [그림 7-2]와 같은 결과를 초래할 수도 있다.

| 그림 7-2 | **임금불만족으로 인한 결과**

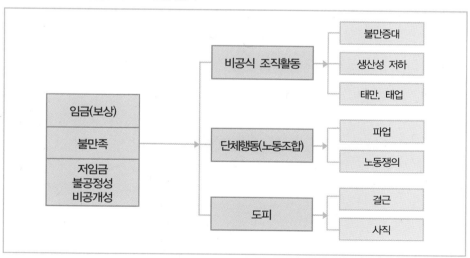

5. 우리나라 임금구조의 특징

우리나라 임금구조는 매우 다양하고 복잡하기 때문에 보편적인 사용이 쉽지 않다는 특징을 가지고 있다.

임금구조의 특징을 알아보면,

① 낮은 기본급
② 다양하고 복잡한 수당
③ 성과급의 상여금화 – 집단성과급보다는 개인성과급 중심
④ 법정과 법정 외 복리후생제도 등을 들 수 있다.

6. 임금관련용어

일반적으로 임금에 대한 표현을 다양하게 사용하고 있어 임금 자체에 대한 혼란을 조금이나마 감소시키기 위해 임금관련용어들을 알아보면,

1) 임금(wage) 또는 급료(salary)

계속적으로 일하는 구성원이 근로의 대가로 정기적으로 받는 일정한 보수를 말한다.

광의의 임금(wage)은 정기적으로 지급되는 통상의 임금 또는 급료 등의 경상적 지급 외의 보수, 상여 등 각종의 임시적 지급까지도 포함한다.

협의의 임금(wage)은 각종의 임시적 지급을 제외한 경상적 지급만을 의미한다. 흔히 임금은 육체적 노동에 종사하는 근로자에게 지급하는 것을 의미하고, 급료(salary)는 정신적 노동에 종사하는 구성원에게 지급하는 것으로 이해되기도 하지만 일반적으로 임금, 봉급과 급료를 모두 혼용해서 사용하고 있다고 생각해도 무방하다.

2) 기본급(base pay)

임금을 구성하는 요소 가운데 여러 가지 수당을 제외한 급료로서 모든 수당, 상여금, 퇴직금 등의 산정기준이 되는 급료이다.

이를 기준임금 또는 본봉이라고도 한다.

기본급의 결정요인은 다음과 같다.

(1) 구성원의 개인적 특성

① 연령
② 학력
③ 근무연수
④ 경험과 경력 등

(2) 직무평가에 의한 직무의 가치

직무분석에 의해 얻어진 직무기술서와 명세서를 기초로 하여 각 직무 간의 상대적 가치를 평가

(3) 직무수행능력의 평가

인사고과를 통한 구성원 개인의 직무수행능력의 평가

3) 수당(allowance)

정해진 봉급 이외에 별도로 주는 보수로서 기본급에 부가적으로 지급되는 보수이다. 이를 기준외임금 또는 제 수당이라고 한다.

이러한 제 수당을 다시 법정수당과 법정외수당(임의수당)으로 다음 〈표 7-1〉과 같이 구분할 수 있다.

| 표 7-1 | 제 수당의 종류

제 수당	법정수당		시간외수당, 휴업수당, 휴일근무수당 등
	법정외수당	직무수당	직책, 직무, 직급, 자격, 기능 등
		근무수당	교대근무, 외근, 특수작업 등
		장려수당	근속, 정근, 생산장려 등
		생활보조수당	가족, 물가, 피복, 주택, 통근 등
		기타 조정수당	조정, 임시 등

4) 장려금(incentive)

어떤 특정한 일에 대한 성과를 보상하기 위한 목적으로 지급되는 급부로서 이를 장려금 또는 성과급이라고 한다.

장려금 또는 성과급의 종류로는

① 개인의 성과에 대한 보상
② 조직의 성과에 대한 보상
③ 단기성과 장려금 또는 장기성과 장려금 등으로 구분된다.

5) 급료(pay)

돈이나 물품 따위를 주는 것으로서 임금관리 개념하에서는 복리후생을 제외한 보상을 의미한다.

임금과 급료는 거의 같은 개념으로 사용되고 있다.

6) 통상임금(ordinary wage)

「근로기준법 시행령」 제6조 1항에 의하면 통상임금은 "근로자에게 정기적이고 일률적으로 소정근로 또는 총 근로에 대하여 지급하기로 정한 시간급 금액, 일급 금액, 주급 금액, 월급 금액 또는 도급 금액"으로 정의하고 있다.

이러한 통상임금은 모든 수당을 산정하여야 할 때 기준이 되는 임금이다.

7) 평균임금(average wage)

「근로기준법」 제2조 6항에 의하면 평균임금은 "평균임금을 산정하여야 할 사유가 발생한 날 이전 3개월 동안에 그 근로자에게 지급된 임금의 총액을 그 기간의 총일수로 나눈 금액"으로 정의하고 있다.

이러한 평균임금은 퇴직금과 재해보상금 산정의 기준임금이 된다.

○ 제2절 임금관리과정

1. 임금관리과정

임금관리과정(wage management process)은 임금수준, 임금체계, 임금형태의 관리 등으로 구성된다.

이러한 임금관리과정과 내용들을 알아보면 다음과 같다.

| 그림 7-3 | **임금관리과정**

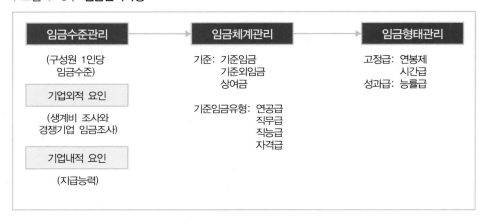

1) 임금수준(wage level)관리

구성원에게 지급되는 평균적인 임금으로서 이는 구성원 1인에게 지급되는 임금수준을 의미한다.

이러한 임금수준을 효율적으로 관리하기 위해서는 평균 임금률(평균 인건비율)과 임금액(인건비) 수준의 결정을 위해 생계비 조사, 경쟁기업의 임금조사 및 조직의 지급능력 등을 고려하여야 한다.

2) 임금체계(wage system)관리

임금을 지급할 때 기준이 되는 지급항목의 구성체계는 연령, 근속, 가족 등을 중심으로 하는 생활급 체계와 능률을 중심으로 하는 능률급 체계로 구성되어 있다.

따라서 개별임금의 총액은 생활급과 능률급 체계로 이루어져 있다.

① 임금체계의 기준은 기준임금, 기준외임금과 상여금으로 구분되며,
② 임금체계의 종류는 직무급, 연공급, 직능급, 자격급 등으로 구분되고 있다.

3) 임금형태(wage form)관리

임금을 지급하는 형태로서 고정급은 연봉제와 시간급으로 구분되며 성과급은 능률급을 의미한다.

2. 임금결정요인과 임금결정과정

1) 요인

보상을 위한 임금결정요인들은 외적·내적 요인에 의해 영향을 받고 있으며 이러한 외적 요인과 내적 요인들을 알아보면,

(1) 외적 요인

① 경제적 환경과 생활수준
② 노동시장의 수급상황
③ 경쟁기업의 임금정책
④ 노동조합과의 이해관계
⑤ 최저임금관련법 등을 들 수 있다.

(2) 내적 요인

① 조직의 규모와 임금지불능력
② 생산성 수준정도
③ 조직의 경영이념과 임금정책
④ 직무평가에 의한 직무들의 상대적 가치
⑤ 인사고과에 의한 성과측정결과 등을 들 수 있다.

2) 과정

임금은 기업과 구성원 간의 가장 중요한 관심사이므로 합리적이고 신중하게 과학적인 방법으로 결정되어야 한다.

일반적으로 구성원 개개인의 임금이 결정되는 과정을 보면 아래의 [그림 7-4]와 같다.

| 그림 7-4 | **임금결정과정**

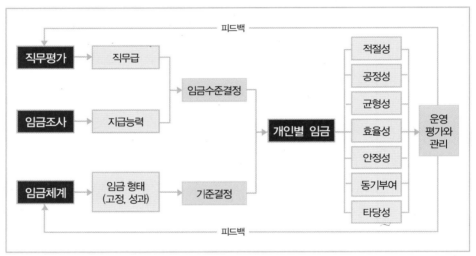

출처: 이순구 공저, 호텔인사관리론, 대왕사, p. 199. 저자 재구성

3. 임금수준

1) 정의

임금수준(wage level)이란 특정 국가, 특정 산업 또는 특정 기업, 특정 직무군의 1인당 평균임금의 정도를 말한다.

이러한 임금수준을

① 국가별 임금수준
② 산업별 임금수준

③ 기업별 임금수준

④ 특정 연령별 또는 직종별 임금수준 등으로 나누어 조사할 수 있다.

즉 임금수준은 국가 전체 또는 산업, 기업 등 어느 특정 구성원들의 집단에게 지급된 임금의 높이를 말하며 이는 구성원 1인당의 평균임금액을 말한다.

서비스기업마다 임금체계와 수당 등의 내용이 다르기 때문에 어디까지를 임금에 포함시킬 것인가에 따라 임금수준에 차이가 생길 수 있다.

그래서 공통적인 범위를 정하여 총소득금액을 정한 후 1인당 평균임금을 계산하여 비교하는 것이 용이하다.

2) 결정요인

벨처(Belcher)는 임금수준의 결정요인으로

① 최저 및 최고 임금에 대한 법률과 규정

② 경쟁기업에서 동종직무에 지급되고 있는 현행 임금률

③ 노동조합의 요구임금률과 단체교섭

④ 적정임금에 대한 경영자의 태도 등을 꼽았다.

우리나라의 현실을 감안하여 임금수준의 결정요인을 외적 요인과 내적 요인으로 구분하여 구체적으로 알아보면,

| 그림 7-5 | **임금수준결정요인**

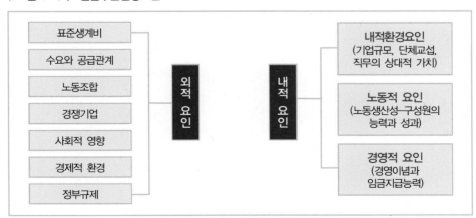

(1) 외적 요인

① 표준생계비
   생존의 개념이 아닌 생활의 개념에서의 생계비
② 수요와 공급과의 관계
   노동시장 상황파악 및 임금조사로 임금수준을 결정
③ 노동조합의 유무
   노조의 유무에 따른 임금수준의 차이
④ 경쟁기업
   동종·동급조직의 임금수준을 고려
⑤ 사회적 영향
   사회구성원들의 라이프스타일 변화에 따른 희망임금을 반영
⑥ 경제적 환경
   경제성장률과의 상관관계를 고려한 임금을 반영
⑦ 정부규제
   근로기준법과 최저임금법 등 임금과 관련된 각종 법규를 반영

(2) 내적 요인

가. 환경요인

기업규모와 사회균형의 원칙에 근거한 시장임금율, 생계비 수준, 물가의 변동, 단체교섭, 직무의 상대적 가치 등을 들 수 있고,

나. 노동적 요인

생계비 보장의 원칙에 근거한 노동의 성과에 의해 나타나는 노동생산성을 근거로 하며,

다. 경영적 요인

경영이념과 지급능력의 원칙에 근거한 임금정책에 대한 기업의 지급능력이다.

실제로 우리나라에서는 단체교섭에 의해 임금수준이 결정된 경우가 가장 많았다. 이러한 결정은 노사 양측의 생계비, 지급능력 등 내·외적 요인에 대한 견해의 일치가 이루어지지 못하였기 때문이다.

앞으로는 노사가 임금수준에 영향을 미치는 여러 내·외적 요인들을 파악하여 솔직한 태도로 임하여 서비스기업의 지급능력에 대한 상한선으로 정하고 그 범위 내에서 모든 요인들을 감안하여 임금수준을 결정하는 관행이 정착되어야 한다.

4. 임금격차

한 국가의 임금실태를 파악하기 위해서는 해당 국가의 일반적인 임금수준의 관찰만으로는 적절하지 않다.

이러한 이유는 어떠한 사회에서든지 한편에서는 높은 임금을 받는 구성원도 있지만, 다른 한편에서는 아주 낮은 임금으로 일상생활에 어려움을 겪는 구성원도 있기 때문이다.

그래서 산업 및 조직의 규모, 지역 및 연령 등에 따라 임금의 높고 낮음에는 상당한 차이가 있으므로 이들에 관한 확실한 지식이 없으면 그 사회의 임금실태분석에 대한 필요한 지식을 모두 가졌다고 말할 수 없다.

이와 같이 마치 상품의 가격처럼 품목이나 디자인에 의해서 가격차이가 나듯이 임금도 여러 가지의 요인에 따라 아주 다양한 모습을 보인다.

1) 정의

임금격차(wage difference)란 동일 시점에서 각 기업의 임금수준을 내·외적 요인들과 함께 상호 비교하였을 경우에 나타나는 상대적인 임금과의 간격이라고 할 수 있으며 일반적으로 백분율로 표시된다.

예를 들면 산업별 임금격차는 기준이 되는 산업(전 산업의 평균임금률을 기준으로 설정)의 평균임금과 다른 산업의 평균임금을 비교함으로써 생기는 임금의 차이를 말한다.

2) 종류

임금격차의 종류는

① 산업별 임금격차
② 규모별 임금격차
③ 직종별 임금격차
④ 성별 임금격차
⑤ 학력별 임금격차 등으로 구분할 수 있다.

우리나라 임금구조의 특징은 임금격차가 선진국의 임금격차보다 전반적으로 큰 편이다.

5. 임금체계

1) 정의

임금체계(wage system)는 구성원 개개인에게 임금총액을 공정하게 어떻게 지급할 것인가를 말하며 이는 형식적인 면과 내용적인 면으로 구성된다.

첫째, 형식적인 면에서는
급여명세표상의 구성항목을 의미하고, 이는 기준임금과 기준외임금으로 구성되며,

둘째, 내용적인 면에서는
임금의 기준 즉 직무의 가치나 연공, 직능, 자격 등에 따라 직무급, 연공급, 직능급, 자격급 등을 임금체계의 기준으로 삼고 있다.
그러므로 임금의 결정기준과 임금의 구성항목을 임금의 체계라고 할 수 있는데, 양자의 관계는 일반적으로 임금의 결정기준이 먼저 결정된 후에 임금의 구성항목이 결정되는 경향이 있다.

2) 특징

우리나라 임금체계의 특징을 요약하면,

① 연공 임금체계가 주축을 이루고 있으며,
② 그 체계가 복잡하며 즉 단일형이 아닌 복합형이며,
③ 기준임금의 기본인 기본급의 비율이 낮고,
④ 다양한 임금체계로 인하여 통일성 있는 임금체계가 확립되지 않고 있다고
할 수 있다.

3) 기준

임금체계의 기준은 [그림 7-6]과 같이 기준임금, 기준외임금과 상여금으로 구성
되어 있다.

| 그림 7-6 | **임금체계의 기준**

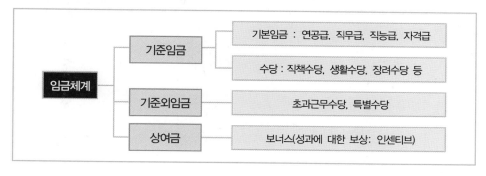

(1) 기준임금

① 임금체계 내에서 기본이 되는 부분이며,
② 기본임금과 수당으로 구성되어 있으며,
③ 기본임금은 연공급, 직무급, 직능급, 자격급 등으로 구성되어 있으며,
④ 수당은 직책수당, 생활수당, 장려수당 등으로 구성되어 있다.

(2) 기준외임금

이는 부가급의 형태로서 정상적 근로시간과 담당직무 이외에 추가적으로 이루어

지는 노동에 대한 급부를 의미하며, 이는 초과근무수당과 특별수당의 형태로 지급되는 급부이다.

(3) 상여금

이를 보너스(bonus) 즉 인센티브(incentive)라고 하며, 개인 및 기업의 성과에 대한 보답으로 지급되는 기업의 자발적 급부이다.

4) 기본임금의 유형

기본임금의 유형으로는 연공급제, 직무급제, 직능급제, 자격급제로 구분할 수 있다.

이러한 유형들을 보다 구체적으로 알아보면,

(1) 연공급제

연공급제(seniority system)는 근속, 연령, 학력, 성별 등의 개인적 요소들을 기초로 하여 임금을 결정하는 임금체계이다.

연공급제 도입 시 고려사항으로

첫째, 정기승급제도 운영
승급은 정기적으로 근속연수나 연령에 따라 일률적으로 운영

둘째, 구성원의 생계비 고려
생계비는 연공급의 기본이 되는 사고이며 물가상승률을 고려

셋째, 경쟁 서비스기업의 임금곡선 고려
평균연령과 근속연수에 대해 동일한 방법의 적용

넷째, 미래의 전망 고려
임금격차의 변화, 연령별 생계비의 변화, 기술격차의 변화, 사회보장과의 관계 등을 고려하여 설정 등이 있다.

연공급제의 장단점을 살펴보면 아래 〈표 7-2〉와 같다.

| 표 7-2 | **연공급제의 장단점**

장점	단점
연공서열에 의한 위계질서 확립	직무가치 반영의 어려움
장기근속자에 대한 생활보장	전문인력 확보의 어려움
배치전환 실시의 용이	젊은 구성원들의 사기저하 초래
인사고과상의 문제가 적다	높은 인건비 대비 낮은 생산성
직무구분이 어려워도 시행 가능	개인 능력개발 의지의 미흡

(2) 직무급제

직무급제(job classification wage system)는 직무평가에 의해 설정된 각 직무의 상대적 가치에 따라 기준임금을 결정하여 동일 직무를 수행하는 구성원에 대해서는 연령·근속 등에 관계없이 동일 임금을 지급하는 동일노동 동일임금(equal pay for equal work)의 이상을 실현할 수 있는 합리적인 임금체계이다.

이 직무급제는 서구의 합리적인 사고와 산업화의 발전에 의해 생성된 것으로서 미국을 중심으로 선진국에서 널리 실시되고 있으며 또한 직무관리에 의해 운영되므로 직무분석과 직무평가는 직무급제의 실시를 위한 전제조건이 된다.

이러한 직무급제를 실시하기 위해서는

첫째, 직무급에 대한 합리적이고 실용적인 인식
둘째, 직무의 전문화(specialization)와 표준화(standardization)
셋째, 임금수준과 관계없이 직무수행의 가능성 정도 등의 조건들이 만족되어야 한다.

직무급제의 장단점을 살펴보면 다음 〈표 7-3〉과 같다.

| 표 7-3 | **직무급제의 장단점**

장점	단점
동일노동 동일임금 실현	직무가치 산정평가와 절차의 어려움
불합리한 임금상승 해소	임금격차 확대에 대한 반대
자기계발노력 증대	좋은 직무로 이동의 어려움
특정 인재확보 용이	높은 이직률 초래

(3) 직능급제

직능급제(wage system by job evaluation)는 직무수행능력의 정도에 따라 기준 임금을 결정하는 임금체계이다.

직무급제는 직무의 상대적 가치를 직무평가에 의해 평정하여 그 결과에 따라 임금을 결정하는 것이나, 직능급제는 구성원의 직무수행능력을 평가하여 임금을 결정하는 것이다.

이러한 직능급제는 연공급제의 단점을 극복하려는 생각에서 생겨난 임금체계로서 동일 직종 내의 숙련의 정도에 따라 숙련, 반숙련, 미숙련으로 나누어 임금을 결정하며 또한 직능 자격등급에 따라 임금을 결정한다.

직능급제의 장단점을 살펴보면 아래 〈표 7-4〉와 같다.

| 표 7-4 | **직능급제의 장단점**

장점	단점
미래지향적 임금관리 (잠재능력계발 유도)	경력의 유무에 따른 임금격차 (사내분위기 저해)
직접적인 성과향상 (자기계발)	능력저하에 따른 임금동결
전문 인재확보와 유지 용이	합리적인 능력평가의 어려움

(4) 자격급제

자격급제(wage system by qualification)는 연공급제와 직무급제의 절충형으로서 직무수행을 위해 필요한 자격취득 요건을 사전에 제시한 후, 구성원이 자격을 취득하였을 경우에 임금의 차이를 두는 제도이다.

이 제도는 무사안일보다는 적극적으로 자기계발을 할 수 있도록 동기를 부여하는 제도라고 할 수 있다.

6. 임금형태

임금형태(wage form)는 임금을 구성원에게 지급하는 방식으로서 기본적인 유형으로는 시간급제, 성과급제와 연봉급제로 분류할 수 있다.

1) 시간급제

시간급제(time wage)는 근로시간의 기준산정 시에 일급(day-rate payment), 주급(weekly payment), 월급(monthly payment), 연급(yearly payment: 연봉급제와 다름)으로 구분하여 지급하는 방법이다.

| 표 7-5 | **시간급제의 장단점**

장점	단점
법적으로 정해진 일정액의 임금보장	동기유발 자극의 어려움
	작업능률의 저하 초래
임금계산이 간단하고 공정함	잦은 이직으로 서비스품질 관리의 어려움

2) 성과급제

성과급제(performance-related wage system)에는 개인성과급제와 집단성과급제로 구분할 수 있다.

(1) 개인성과급제

성과에 따라 임금을 산정하는 방법으로서 직무성과와 작업수량만을 중심으로 계산한다.

이 성과급제를 단순성과급제, 차별성과급제, 할증성과급제로 구분할 수 있다.

가. 단순성과급제

개인의 성과에 따라 임금을 지급하는 보상방법

나. 차별성과급제

표준량까지는 정해진 성과급률을 적용하고 초과분에 대해서는 높은 성과급률을 적용하는 보상방법

다. 할증성과급제

표준량까지는 기본시간급을 적용하고 표준량 초과분에 대하여는 할증성과급률을 적용하는 보상방법

개인성과급제의 장단점을 살펴보면 아래 〈표 7-6〉과 같다.

| 표 7-6 | **개인성과급제의 장단점**

장점	단점
생산성 향상과 원가절감	업적(성과)측정의 어려움
동기유발과 노력 유도	성과중심으로 경쟁심화
관리자의 관리완화	성과향상의 원인에 의한 마찰
생산활동 촉진과 장비의 효율적 활용	

(2) 집단성과급제

집단별로 임금을 산정하여 지급하는 방법으로서, 이는 팀워크를 중시하고 협동성을 육성하여 향상된 집단의 성과가 관리방식의 개선에 의한 것인지 또는 구성원 개인에 의한 것인지 구별하기 어려운 측면도 있다.

대표적인 집단성과급제로는 이익배분제를 들 수 있다.

집단성과급제의 장단점을 살펴보면 다음 〈표 7-7〉과 같다.

| 표 7-7 | **집단성과급제의 장단점**

장점	단점
직무난이도에 대한 불만감소	
팀워크(teamwork)와 협동심 육성	개인 능력과 성과와는 직접적인 관계가 없다.
적극적인 신입 인적자원훈련과 직무수행요령 전수	

이상과 같이 성과급제는 집단에 공헌한 개인과 집단의 업적(성과)에 따라 임금을 결정하는 임금체계이다.

이러한 성과급제의 임금결정 기준으로는 매출액, 비용절감, 이익실현 등을 활용하고 있다.

3) 연봉급제

근속연수와 나이에 관계없이 전년도 성과를 기준으로 연간 임금수준을 결정하며, 개인의 능력과 업적(성과)의 차이를 합리적으로 연봉급에 반영하여 우수자원의 확보를 위한 제도이다.

우리나라의 연봉급제(annual wage system)는 연공서열하의 임금수준을 능력급제(performance wage system)가 실시되는 초년도 연봉의 출발은 같이 하나 향후 개인의 능력과 성과에 따라 임금에 차이가 나도록 하는 임금체계이다.

(1) 연봉급제 도입의 전제조건

① 성과중시 조직문화 형성
② 투명경영으로 합의된 경영목표 수립
③ 직무규정의 명확화와 직무 간의 독립성 유지
④ 고과제도의 합리성과 공정성 확립
⑤ 적용대상자의 공정한 선정
⑥ 경영자의 강력한 의지와 지원 등이 있다.

(2) 연봉급제의 장점과 단점

연봉급제의 장단점을 살펴보면 다음 〈표 7-8〉과 같다.

| 표 7-8 | **연봉급제의 장단점**

장점	단점
동기부여	연공서열의 파괴
인재채용과 대우의 유연성	연봉급제의 신뢰성 문제
임금관리의 용이성과 임금체계의 단순화	구성원 간의 불필요한 경쟁 발생
직무수행능력 배양	권한의 집중화 현상 야기
원활한 의사소통	단기성과 치중
성과지향적 기업	고용불안조장 등
인건비 예산의 효율적 관리 등	

호봉제와 직무성과급제 인건비 비교

- 2018년 2월 28일, 주당 최대 근로시간 52시간(법정 40시간+연장 12시간)으로 개정안 통과
- 기존 호봉제 → 직무성과급제로 변경
- 직무성과급제 도입을 통한 각 직무 가치 평가 및 성과지향적 업무 추진을 위한 동기부여
- 상명하복, 연공서열주의, 장시간근로 중심→근로시간 단축 및 생산성 향상
- 근로시간 단축 및 임금체계 개편으로 워라밸, 자기계발, 칼퇴 등 구성원 개개인의 개인시간 활용한 삶의 질 향상

| 표 7-9 | 호봉제와 직무성과급제 인건비 비교

	1년차	2년차	2년차	3년차	4년차	5년차	6년차	7년차	8년차	9년차	10년차	총비용
호봉제 (3%+2%)	100	105	110	116	122	128	134	141	148	155	163	1,421
직무성과 (4%)	100	110	114	119	124	129	134	139	145	151	157	1,421

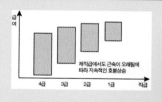

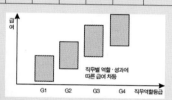

호봉제	직무성과급제
• 연공서열 중심으로 제한적인 인력운영 • 고직급·고임금 근로자 양산 • 성과와 무관한 호봉인상으로 회사와 근로자의 이해관계가 분리	• 직무가치 및 역할에 따라 시장 내 경쟁력 있는 보상 연계 • 역할 및 성과에 따른 개별차등으로 성과 중심의 동기부여 가능(회사·개인목표 일치) • 전문인력에 대한 적정임금으로 안정적 일자리 제공

(출처 : 삼성경제연구소 HR Insight)

7. 합리적 임금관리

합리적 임금관리(wage management)란 임금수준, 임금체계, 임금형태의 효율적 관리로 적정성, 공정성, 합리성을 충족시킴으로써 서비스기업의 목표달성에 기여하고자 하는 임금관리를 의미한다.

아래의 [그림 7-7]과 같이 합리적 임금관리를 위한 고려요인들을 알아보면,

| 그림 7-7 | **합리적 임금관리 시 고려요인**

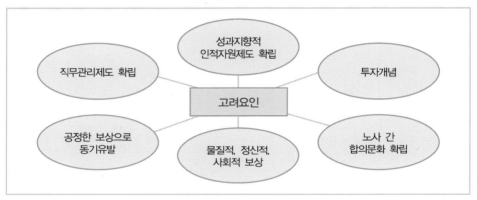

① 직무관리제도의 확립
② 성과지향적 인적자원제도 확립
③ 임금을 비용개념이 아닌 투자개념으로 인식
④ 인사고과에 의한 합리적이고 공정한 보상으로 동기유발
⑤ 물질적, 정신적, 사회적 보상의 병행
⑥ 건전한 노사 간 합의문화의 확립 등이 원활히 이루어져야 한다.

| 표 7-10 | **국내 호텔기업의 임금체계 내용 예시**

구분		내용
고정	기본급	
상여	월상여	300~800%
	명절상여	50~100%
	김장상여	50~100%
	기타상여	정액 또는 일정비율, 휴가비 등
성과급	변동성과급	연 100~200%
제 수당	근속수당	3~5년: 일정액 6~8년: 일정액 9~11년: 일정액 12~14년: 일정액 15~16년: 일정액 17년 이상: 일정액
	가족수당	배우자 자녀 2인
	교통수당	일정액
	직책수당	부장: 일정액 과장: 일정액 대리: 일정액 계장: 일정액 주임: 일정액
	기타수당	자기계발수당, 부서별 수당 등

* 특급호텔에서 실시하고 있는 기본적 임금구성형태로서 내용면에서는 호텔기업별 임금관리규정에 의해 차이가 있을 수 있음.

고객만족(customer satisfaction)의 기본 3요소

1. **하드웨어(hardware) 요소**

서비스기업의 시설, 인테리어, 분위기 등
  ▶ 물리적 증거(physical evidence)

2. **소프트웨어(software) 요소**

서비스기업에서 취급하는 상품 및 서비스매뉴얼, A/S시스템,
부가서비스 시스템 등
  ▶ 프로세스(process)

3. **휴먼웨어(humanware) 요소**

인적자원의 서비스마인드, 대고객서비스행동, 매너 등
  ▶ 인적서비스(people)

고객만족을 실현하기 위해서는 위의 3가지 요소 중에 중요하지 않은 것이 없다.
그 이유는 3가지 요소가 서로 잘 조화되어 고객에게 제공될 때, 고객을 만족시키
고 고객감동을 이끌어내는 역할을 하게 된다는 것이다.

예를 들면 고객만족의 3요소 중 어느 하나라도 0점을 받고 다른 요소들이 100점
을 받는다고 해도 결국은 0점이 되는 것이다.

따라서 좋은 시설과 상품과 서비스의 품질수준이 높더라도 인적자원들이 불친절
하다면 고객은 불만족하게 되는 것이다.

제8장

인사이동

인사이동

○ 제1절 인사이동의 전반적 이해

1. 인사이동의 정의

　인사이동(internal move)이란 신입 인적자원이 채용되어 특정한 직무에 배치된 후 능력, 직무내용의 변화 또는 조직운영상의 여건변화에 따라 수직적·수평적으로 배치상의 변화를 가져오는 관리상의 절차를 의미한다.

　이러한 인사이동의 내용으로는 배치전환, 승진, 승급, 징계, 이직 등이 있다.

　합리적이고 공정한 인사이동이 직무분석과 인사고과를 기초로 하여 체계적으로 이루어지기 위해서 고려되어야 할 사항으로는

　첫째, 적재적소의 실현
　둘째, 교육훈련과 경력개발
　셋째, 동기부여와 사기앙양
　넷째, 직무내용의 변화에 적합한 구성원 배치
　다섯째, 신상필벌원칙의 정확성 등을 들 수 있다.

　이러한 인사이동은 임금과 함께 구성원들의 최대 관심사 중에 하나이며, 또한 구성원들에게 가장 적합한 직무를 연결시켜 주는 과정이라고 할 수 있다.

2. 인사이동의 종류

인사이동의 종류로는 배치전환, 승진, 승급, 징계, 이직 등으로 구분할 수 있다.

| 그림 8-1 | **인사이동의 종류**

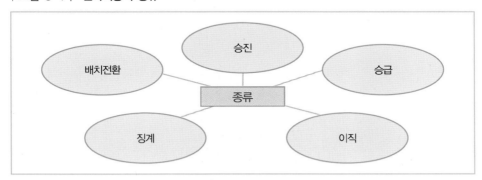

1) 배치전환(transfer)

임금, 지위, 책임 등에는 별다른 변화 없이 수평적으로 새로운 직무로의 이동으로서 횡적인 인사이동이다.

2) 승진(promotion)

임금, 지위, 책임 등의 변화와 함께 새로운 직무로의 수직적 이동으로서 종적인 인사이동이다.

3) 승급(upgrading)

소규모의 승진으로서 동일한 직무 내에서 임금, 책임과 권한이 소폭으로 상승하거나 또는 임금만 소폭 상승하는 인사이동이다.

4) 징계(disciplinary action)

강등과 강급은 조직에서 규정한 규칙을 위반하는 경우에 신상필벌의 원칙하에서 이루어지는 인사이동이다. (제4절 징계관리 참조)

5) 이직(separation)

조직과 구성원 간의 계약종료를 의미하는 인사이동이다. (제5절 이직관리 참조)

3. 인사이동의 목적

현재 직무수행능력과 요구되는 직무수행능력 간의 균형을 이루기 위해, 현재 직무수행능력에 적합한 직무와 직위로 구성원을 수평적 또는 수직적으로 이동시켜 조직의 목표를 달성하고자 하는 데 있다.

인사이동의 목적을 아래의 [그림 8-2]로 알아보면 다음과 같다.

| 그림 8-2 | 인사이동의 목적

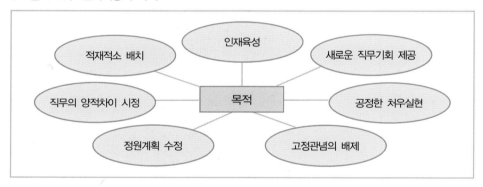

① 적재적소 배치의 실현
② 인재육성 목적으로 활용
③ 새로운 직무기회 제공
④ 공정하고 합리적인 처우실현
⑤ 직무수행상의 양적차이 시정
⑥ 조직변화에 따른 정원계획의 수정
⑦ 고정관념의 배제 등을 들 수 있다.

4. 인사이동의 원칙

합리적이고 공정한 인사이동의 원칙을 [그림 8-3]으로 알아보면,

| 그림 8-3 | **인사이동의 원칙**

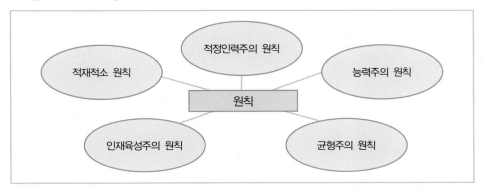

1) 적재적소 원칙

조직의 효율성을 최대한 높이기 위해서는 각 직무에 적합한 능력을 가진 구성원들이 능력을 최대한 발휘할 수 있는 직무로 이동해 주는 것이 매우 중요하다.

따라서 이 원칙의 목적은 이들을 효율적으로 관리하여 조직의 목표를 달성하고자 하는 데 있다.

2) 적정인력주의 원칙

수행되어야 할 직무의 양을 예측하여 적정한 인원을 배치할 목적의 원칙이다.

이는 직무의 양적인 측면을 고려한 배치로서 직무 자체의 성격과 양을 파악하여 적정한 인원을 배치하고자 하는 원칙이다.

3) 능력주의 원칙

특정 직무를 수행할 수 있는 능력을 가진 구성원 중에서 최적으로 적합한 능력을 보유한 구성원에게 특정 직무를 할당하고 수행하도록 하여 이들의 수행평가와 성과에 대해 합리적인 보상을 하고자 하는 원칙이다.

4) 인재육성주의 원칙

능력개발을 위해 교육훈련과 경력개발을 통하여 구성원의 능력을 개발·육성하고자 하는 원칙으로서 이들의 능력을 육성하면서 직무를 수행하도록 하는 원칙이다.

구성원 육성을 위한 방법으로는

① 상사에 의한 부하 육성
② 자기계발
③ 조직에 의한 경력개발 등을 들 수 있다.

5) 균형주의 원칙

단순히 특정인에 한해서만 적재적소 원칙을 고려할 것이 아니라 상하좌우의 모든 구성원에게 공평하고 평등하며 균형 있게 인사이동이 이루어져야 한다는 원칙이다.

그러므로 인사이동의 목적과 원칙을 기본으로 하여 공정하고 합리적인 인사이동이 이루어져야 하며 또한 구성원이 담당하고 있는 직무수행성과를 평가하여 성과에 대한 하나의 보상방법으로 인사이동이 실시되어야 한다.

◯ 제2절 배치전환관리

1. 배치전환(전직)의 전반적 이해

1) 정의

배치전환(transfer)이란 직종, 직무내용, 직무수행 등을 일정 기간에 걸쳐 변화를 주는 수평적 인사이동을 말하며 이를 전직이라고도 한다.

이러한 배치전환은 새로운 담당직무의 임금, 지위, 직무, 책임 등이 종전의 담당직무와 차이가 거의 없는 수준에서의 수평적 이동을 의미한다.

2) 목적

배치전환의 목적은 적재적소 원칙을 적용하여 구성원의 직무만족을 증대시키고, 여러 부문의 직무를 경험하도록 함으로써 장래의 승진을 대비하여 준비할 수 있게 하며 또한 초기 선발과정의 잘못 또는 배치의 잘못을 시정하는 데 있다.

이러한 배치전환의 목적을 보다 구체적으로 조직의 관점과 구성원의 관점으로 구분하여 알아보면 다음과 같다.

(1) 조직의 관점에서는

적재적소 원칙에 의한 생산성 향상과 조직목표달성이 목적이며,

(2) 구성원의 관점에서는

① 잘못된 직무배치의 시정
② 직무조건에 대한 불만해소
③ 근무의욕자극과 사기앙양
④ 건강상태 고려
⑤ 창의적 활동기회 부여
⑥ 동기부여와 사기앙양을 도모하는 데 있다.

그러나 이러한 배치전환이 합리적이고 공정하게 관리되지 못할 경우에는 배치

전환에 대한 불만을 야기시켜 조직에 나쁜 영향을 줄 수도 있다.

그러므로 조직은 배치전환에 관한 합리적 방침과 기준을 설정하여 배치전환을 공정하게 관리하는 것이 중요하다.

특히 배치전환 관리에 있어서 주의해야 할 점은 「근로기준법」 제23조(해고 등의 제한) 1항에 "사용자는 근로자에게 정당한 이유 없이 해고, 휴직, 정직, 전직, 감봉, 그 밖의 징벌을 하지 못한다"라고 규정하고 있어 이 조항에 저촉되지 않도록 유의하여야 한다.

3) 유형

배치전환의 유형은 크게 이동범위별 유형과 이동목적별 유형으로 나뉘며 아래 [그림 8-4]와 같이 구분하고 있다.

| 그림 8-4 | **이동범위별 · 이동목적별 유형**

부서 간		생산상황변화
부문 간	이동범위별 → 유형 → 이동목적별	고용안정
		다재능 양성
		근무교대조
전사적		교정적
		재교육

(1) 이동범위별 유형

부서 간 배치전환, 부문 간 배치전환, 전사적 배치전환 등 세 가지로 구분할 수 있다.

가. 부서 간 배치전환(inter-section transfer)

이는 직능과 직무의 내용이 유사한 부서 내의 수평적 배치전환으로서 예를 들면 부서(department) 내의 과(section)와 과(section) 사이의 이동을 의미한다.

나. 부문 간 배치전환(inter-department transfer)

이는 직능의 내용이 유사한 부문 내의 수평적 배치전환으로서 예를 들면 같은 부문(관리 또는 영업) 내의 부(department)와 부(department) 사이의 이동을 의미한다.

다. 전사적 배치전환(overall-organization transfer)

이는 조직 전체를 대상으로 필요한 구성원을 전사적 입장에서 폭넓게 이동시키는 수평적 배치전환으로서 예를 들면 관리부문과 영업부문 간의 이동을 의미한다.

(2) 이동목적별 유형

가. 생산상황의 변화에 따른 배치전환

이는 생산배치전환(production transfer)으로서 새로운 기술의 개발로 직무의 수요가 감소하는 경우에 잉여인원을 구성원이 부족한 부서로 이동함으로써 구성원의 안정을 기하기 위함이다.

나. 고용안정을 위한 재배치전환

이는 대체 배치전환(replacement transfer)으로서 경제적 불황 등으로 인하여 수행해야 할 직무의 양이 감소하여 부득이 조업단축이 필요한 경우에 일시해고를 피하기 위해 연공 및 근속연수에 따라 필요인원을 조정하여 배치전환하는 방법이다.

즉 이는 고용상의 안정을 위한 목적으로 이루어지는 배치전환방법이다.

다. 다재능 구성원 양성을 위한 배치전환

이는 다재능 배치전환(versatility transfer)으로서 다재능 구성원으로 양성하기 위해 기술범위와 능력범위를 넓혀주고 또한 직무배치에 대한 융통성과 신축성을 높이기 위한 배치전환이다.

이는 훈련과 다재능 개발을 목적으로 하는 배치전환방법이다.

라. 근무교대조 간의 배치전환

근무교대조 간의 배치전환(shift transfer)은 호텔기업의 특성과 영업방침에 따라 오전, 오후, 야간 근무조로 나뉘어 운영이 되는 조직에서 오전 근무조에서 오후 근무조로 또는 오후 근무조에서 야간 근무조로 이동배치하는 방법이다.

연공과 근속연수에 따라 야간 근무조에서 오전 또는 오후 근무조로 배치전환 하는 것이 일반적이라고 할 수 있다.

마. 교정적 배치전환

이는 개선배치전환(remedial transfer)으로서 개인적인 문제 또는 사정 등을 고려하여 교정하고 개선해주기 위해 적용하는 배치전환이다.

개인적 문제와 사정으로는 직무 환경과 조건에 대한 문제, 상사와 동료 간의 불화문제, 연령과 건강상태의 문제, 현재 직무에 대한 싫증 등을 들 수 있다.

바. 재교육 배치전환

이는 재교육을 위한 배치전환(retraining transfer)으로서 생산기술의 변화 또는 새로운 교육훈련 시스템의 변화로 인하여 재교육의 필요성이 요구될 때 실시되는 배치전환방법이다.

이러한 배치전환방법들은 각기 개별적이고 다목적적인 특성을 지니고 있으나 상황에 따라서는 배치전환유형의 개별적 특성들은 복합적으로 상호작용하여 배치전환에 운용되고 있다.

2. 배치전환관리의 계획수립과 방침

1) 계획수립

배치전환관리계획(transfer management plan)은 특정 직무를 수행하기 위해 필요한 기술과 능력을 가진 구성원이 어느 정도 필요한지를 명확하게 하는 과정으로서 먼저 직무분석으로 얻은 직무기술서와 명세서를 기초로 하여 자격요건을 명확히 하고 적재적소에 구성원을 배치할 수 있도록 관리계획을 수립하는 과정이다.

이러한 배치관리계획이 결정되면 현재 구성원의 과부족 상황을 확인하여야 한다.

(1) 구성원의 수가 많을 경우

① 채용을 억제
② 잔업을 규제
③ 조기퇴직 또는 해고 등을 고려하여야 한다.

(2) 구성원의 수가 부족할 경우

① 신규채용 여부
② 교육훈련 시행 여부
③ 경력인적자원의 채용 여부 등을 고려하여야 한다.

배치관리계획을 효율적이고 효과적으로 수행하기 위해서는 우선적으로 구성원들의 질적 수준을 정확히 파악할 필요가 있다.

구성원들의 질적 수준을 파악하기 위하여 고려하여야 할 사항은 다음과 같다.

① 경력과 학력
② 구성원의 특징분석 : 특별한 기술, 지식, 자격, 면허, 사내교육훈련 참가 등
③ 현재 직무의 수행도 평가
④ 능력개발의 가능성
⑤ 전문분야
⑥ 직무의 선호도
⑦ 경력목표와 장래목표
⑧ 조직문화에 대한 적응도

2) 방침

효율적 배치전환을 위해 직무설계방법 중의 하나인 직무순환(job rotation)을 실시하는 것도 여러 면에서 구성원 관리에 도움이 될 수 있다.

그러나 과도한 직무순환은 과다 비용부담과 직무수행에 있어서 부작용을 초래할 수 있다.

이러한 부작용을 줄이기 위해 명확하고 효과적인 배치전환관리를 위한 방침을 설정하여 운영하여야 한다.

배치전환관리방침 내용의 설정을 살펴보면 다음과 같다.

(1) 직무순환의 적용범위 설정

단기적 성과강조 시에는 적용범위가 제한되지만, 적재적소 배치와 개발을 위해서는 적용범위가 확대되는 경향이 있다.

따라서 직무순환의 적용범위를 명백히 설정할 필요가 있다.

(2) 임금과 대우에 대한 내부방침 설정

부문 간에도 다른 임금구조와 방침을 가지고 있다면 새로운 부문으로 배치전환될 경우에도 이전의 임금과 대우를 유지해 주기 위한 적절한 내부방침이 수립되어 있어야 한다.

(3) 권한과 책임의 공식적 위임

구성원의 배치전환요청에 대한 공식적 권한과 책임은 일반적으로 직속상사에게 위임되어야 하며 인사부서에서는 각 부서에서 요청한 배치전환요청을 조직 전체의 관점에서 분석하여 효율적이고 효과적인 직무순환을 위한 종합적 검토과정을 이행하도록 하여야 한다.

(4) 직무 간의 연계성과 경로수립

직무 간의 연계성을 확인하기 위한 자료는 직무분석으로 얻어진 직무기술서와 명세서를 기준으로 하여야 하며 이를 기준으로 직무 간의 연계성과 경로가 수립되어야 한다.

이러한 직무경로는 교육훈련, 경력개발과 자기계발을 실현시키는 하나의 방법이 될 수 있다.

| 표 8-1 | **배치전환 신청서 양식 예시**

배치전환신청서

성명:
채용일자:
현직위임용일자:
전보요청부서:　　　　　에서　　　　　　　로
전보요청사유:

작성일자
신청인 서명:

평가(평가기준 각 항목의 평가: 1~5단계)

구분	과장	부서장
직무수행성과		
신뢰성		
안전성		
태도/자질		
출결상황		
과장 의견:		
부서장 의견:		
인사부 의견:		
총지배인 의견:		
전보신청처리결과:		

(5) 인재육성과 의사결정기준 설정

유능한 구성원을 조기에 발견하고 그들을 특별 관리하기 위해 교육훈련, 경력개발, 직무순환 등을 중요한 방법으로 활용하고 있다.

따라서 이러한 인재육성을 위한 후보자를 선정할 경우에는 공정하고 합리적인 의사결정을 도출하기 위한 명백한 기준이 설정되어 있어야 한다.

제3절 승진관리

1. 승진관리의 전반적 이해

1) 승진과 승급

승진(promotion)은 수평적 이동인 배치전환과는 달리 낮은 직위에서 높은 직위로의 수직적 상향이동을 말한다.

이러한 승진은 직무서열 혹은 자격서열의 상승을 의미하며 지위의 상승과 함께 보수, 권한, 책임의 증가를 수반하는 것을 의미한다.

따라서 구성원들의 최대관심사가 승진인 이유는 신분상의 변화로 인한 자아실현의 관점에서 실질적으로 가장 큰 의미를 가지고 있기 때문이다.

승급(upgrading)은 승진과는 달리 현재의 직무에서 직위의 변화는 없이 책임, 신분, 임금만이 소폭 상승하는 경우와 임금만 소폭 상승하는 경우를 의미하며 이를 일명 소규모 승진이라고도 한다.

일반적으로 승급에는 보통승급과 특별승급이 있다.

보통승급이란 매년 임금의 일정한 호봉만이 올라가는 것이며, 특별승급이란 특별한 요건을 갖춘 각 구성원에게 베푸는 인사상 특전 즉 소규모 승진을 말한다.

이러한 승급은 공헌도 향상을 유인하는 요인으로서 중요한 의미를 가지고 있다.

2) 정의와 역할

(1) 정의

승진관리란 승진과 승급에 대한 합리적인 기준과 방침을 설정하고 공정하고 투명하게 관리·통제하는 것이라고 할 수 있다.

합리적인 승진관리의 기준과 방침을 설정하기 위한 요인은 다음과 같다.

① 연공과 능력의 전략적 적용
② 사회문화와 조직환경과의 적합성 여부
③ 내부승진 대 외부영입의 적정비율유지

④ 투명한 승진관리 등

(2) 역할

① 개인목표와 조직목표 간의 조화
② 유효한 커뮤니케이션의 수단
③ 합리적인 승진기준과 제도에 의한 인사정체현상의 해결 등

3) 원칙과 기준

(1) 원칙

가. 적정성의 원칙

경쟁기업들의 과거의 승진형태와 현재의 승진형태를 비교·분석하여 승진관리의 적정성 여부를 구체화하고자 하는 원칙을 말한다.

나. 공정성의 원칙

승진기회와 기준은 항상 상대적이기 때문에 평가는 공정하고 신뢰성 있게 실시되어야 한다는 원칙을 말한다.

다. 합리성의 원칙

직무수행성과를 정확히 분석하고 파악하여 그 결과에 대한 보상을 위해 승진관리는 합리적이어야 한다는 원칙을 말한다.

| 그림 8-5 | **승진의 기본원칙과 승진경로**

승진의 원칙 →	능력/성과	연공서열	시험/교육	기타 →	승진
• 적정성 • 공정성 • 합리성	• 목표달성 • 업무성과 • 리더십	• 학력/경력 • 근속연수 • 나이	• 정기시험 • 임시시험 • 교육연수	• 추천 • 상벌 • 공헌도	승급/승진

(2) 기준

승진관리의 기준을 아래 〈표 8-2〉와 같이 합리적·비합리적 기준과 〈표 8-3〉과 같이 연공주의·능력주의 기준을 알아보면 다음과 같다.

가. 합리적 · 비합리적 기준

|표 8-2| **합리적 · 비합리적 기준**

합리적 기준	가치합리적	최고관리자 계층의 승진기준이며, 승진기준은 가치관, 세계관, 경영이념과의 일치성 여부
	목적합리적	중간관리자 계층의 승진기준이며, 승진기준은 성과중심 (능력주의)
비합리적 기준	전통적	하부구성원 계층의 승진기준이며, 승진기준은 연공중심 – 근속연수, 학력, 출생지, 혈연관계 등
	감정적	전체 계층에 공통적으로 적용하는 승진기준이며, 승진기준은 감정적 기준(호감과 비호감 등)

가) 합리적 기준

(가) 가치합리적 기준

가치적 행동이 경영이념과 일치하는 정도를 승진기준으로 하며, 이러한 기준은 최고관리자 계층에 적용되며 합리적 기준으로 분류한다.

(나) 목적합리적 기준

직무상 성과에 따른 직무수행능력을 승진기준으로 하며, 이러한 기준은 중간관리자 계층에 적용되며 합리적 기준으로 분류한다.

나) 비합리적 기준

(가) 전통적 기준

근속연수, 학력, 연령, 가족관계, 출생지 등의 연공을 승진기준으로 하며, 이러한 기준은 주로 하부구성원 계층에 적용되며 비합리적 기준으로 분류한다.

(나) 감정적 기준

고과자의 감정적 느낌을 승진기준으로 하며, 이러한 기준은 전체 계층에 적용되며 비합리적 기준으로 분류한다.

나. 연공주의 · 능력주의 기준

| 표 8-3 | **연공주의 · 능력주의의 비교**

구분	연공주의	능력주의
이해자집단	노동조합	경영자
사회 · 문화적 전통	동양적 사고	서구적 사고
계층	하위계층	상위계층
직종	일반직종	전문직종

가) 연공주의 기준

근속연수, 학력, 연령 등을 기본으로 하여 승진의 우선권을 주는 기준으로서 측정과 적용이 용이하다는 장점이 있으나, 신입 인적자원의 사기저하 초래, 외부환경변화에 대한 대처의 어려움, 장기근속자로 인한 비용부담 증대의 단점이 있다.

나) 능력주의 기준

직무수행능력에 따라 승진의 우선권을 주는 기준으로서 능력발휘와 환경변화에 대한 유연한 대응이 가능하다는 장점은 있으나, 직무수행능력 평가에 대한 객관성 확보의 어려움과 구성원들 간의 이기주의가 발생할 수 있다는 단점이 있다.

2. 승진제도의 유형

승진제도(promotion system)의 유형으로는 연공승진제도, 직능자격승진제도, 직계승진제도, 역직승진제도, 대용승진제도, 조직변화승진제도가 있다.

승진제도의 유형을 [그림 8-6]으로 알아보면 다음과 같다.

| 그림 8-6 | **승진제도의 유형**

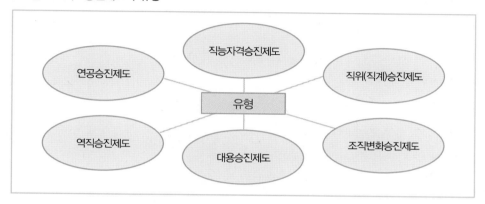

1) 연공승진제도

연공승진제도(seniority promotion system)는 연공주의에 입각한 제도로서 직무의 내용과 관계없이 인적자격요건 즉 근속연수, 학력, 연령 등을 고려하여 승진시키는 제도이다.

2) 직능자격승진제도

직능자격승진(promotion by functional qualification)은 연공주의와 능력주의를 절충한 제도로서 신분자격승진과 능력자격승진으로 구분할 수 있다.

(1) 신분자격승진

학력, 근속연수, 연령 등 개인의 속인적 자격요건을 기준으로 하여 승진시키는 제도를 말한다.

이러한 속인적 요건은 직무와는 관계가 없는 것이다.

(2) 능력자격승진

개인이 보유하고 있는 지식, 기술, 능력 등의 잠재적 능력이 승진기준이 되며 또한 잠재적 능력의 유용성을 평가받아 승진시키는 제도를 말한다.

이들 속인적 요건은 직무와 관련이 있으며 이러한 자격승진을 능력자격승진이라고 한다.

3) 직위(직계)승진제도

직위승진(promotion by job position) 또는 직계승진(promotion by direct line)은 직무중심적 능력주의에 입각하여 직무분석, 직무수행평가, 등급구분 및 직무급에 의한 적격자를 선정하여 승진시키는 제도이다.

이 제도를 시행하기 위해서는 직계제도가 확립되어 있어야 하며 이를 토대로 하여 직무자격요건과 비교하여 적격자를 선정하여 승진시키는 제도이다.

직계(직위)승진제도가 성공적으로 운영되기 위해서는 다음과 같은 전제조건이 필요하다.

첫째, 직위관리체계의 정비
둘째, 인적 능력구성과 직계구성의 상호 일치
셋째, 직무내용이 안정되고 조직기구, 직무수행방법, 조직규모 등에 커다란 변동이 없어야 한다.
이 제도는 경험, 능력, 기술, 숙련 등의 향상에 의해 승진시키는 제도이며 이는 직무와 직결된 속직적 승진제도이다.

4) 역직승진제도

역직승진(promotion by managerial system)이란 관리체계로의 직위, 즉 라인 직위체계(계장, 과장, 차장, 부장 등)상의 승진을 말한다.

직무를 능률적으로 운영하기 위해서 조직의 각 단위별로 소속구성원을 효율적으로 지휘·통제하기 위한 조직의 장(과장, 부장 등) 또는 보조관리자(주임, 계장, 차장 등)를 두는데 이것을 역직이라고 한다.

이러한 역직승진은 이들을 상위직위로 승진시키는 제도이다.

5) 대용승진제도

대용승진(alternative promotion)이란 준승진(quasi promotion)이라고도 하는데, 직책과 권한 등 직무내용상의 실질적인 변화는 없이 직위명칭 또는 자격호칭 등의 형식적인 승진이 이루어지며 임금, 복리후생, 사회적 신분 등의 부수적인 혜택은 받는 제도이다.

이는 조직 내 극심한 인사정체현상과 승진에 대한 욕구가 강렬하여 조직의 효율성을 높여야 할 때 이를 해결하기 위한 방법으로 승진시키는 제도이다.

6) 조직변화승진제도

조직변화승진(promotion by organizational change)이란 승진대상에 비하여 직위가 부족한 경우에 조직구조 자체를 변화시켜 새로운 직위계층을 만들고 승진의 기회를 확대실시하여 승진시키는 제도이다.

이러한 승진제도는 조직구조를 변화시킴으로써 직무구조를 재편성하여 승진시키는 제도이다.

따라서 경영자의 스타일에 따라 여러 형태의 승진제도가 혼재할 수 있으며 이로 인하여 시간이 흐를수록 승진기준이나 체계가 일관성을 상실할 경우에는 사기저하 등 조직관리상의 문제가 대두되기 때문에 합리적이고 과학적인 승진기준의 설정과 승진관리계획의 수립이 필요하다.

3. 승진관리계획 수립

승진관리계획(promotion management plan)은 조직측면에서 보면 필요한 직위에 적합한 구성원을 선택하여 조직에 최대한 공헌하게 하는 의미가 있을 뿐만 아니라 능력개발로 훌륭한 자원으로서의 역할을 하게 하며, 인적자원관리 측면에서 보면 성취감, 보수의 증가, 사회적 신분상승의 의미가 있는 중요한 요인이므로 최대한 객관적이고 공정하게 관리되도록 하여야 한다.

승진관리계획은 조직상황에 맞추어 모든 구성원들이 공감할 수 있는 기준이 수립되어야 하며 이 기준에 따라 고려되어야 할 사항과 포함되어야 할 내용은 다음과 같다.

1) 계획수립 시 고려사항

① 승진방침에 따라 모든 직위를 대상으로 작성·수립하고 실시하여야 하며,
② 새로운 승진관리계획을 시행하거나 시행 중인 계획을 변경하고자 할 때 구성원들의 의견을 참고하여야 하며,
③ 인적자원관리계획 특히 인력계획과 모집계획 및 교육훈련계획 등을 고려하여 작성하여야 하며,
④ 어떤 절차에 의해 운영되고 있는가를 구성원들이 인지할 수 있도록 하여야 하며,
⑤ 통일적이고 공평하게 적용되어야 한다.

2) 포함되어야 할 내용

위의 사항들을 고려한 후 승진관리계획을 수립할 때 포함되어야 할 내용은

① 승진관리계획에 적용될 대상 직위의 범위
② 승진후보자의 선정범위
③ 승진후보자의 탐색방법
④ 승진에 필요한 자격기준
⑤ 승진후보자의 평가방법
⑥ 승진후보자들의 서열평가방법 등이 있다.

이 외에도 공정한 승진관리를 위해서는 승진경로(promotion ladder)를 명시할 필요가 있다.

각 직무에 대하여 승진경로를 명시해 놓으면 구성원들이 승진을 위하여 자발적으로 필요한 자격요건을 갖추기 위한 노력을 할 것이며, 조직은 이들에게 필요한 교육훈련 방법을 개발할 수 있을 것이다.

또한 직무 간 책임관계의 분석을 통하여 직무의 상하 전후의 관련체계가 파악되면 직위체계를 작성할 수 있으며 이러한 직위체계가 수립되어 있으면 승진경로는 더욱 명확해질 수 있다.

4. 승진관리과정

1) 승진관리과정

일반적인 승진관리과정은 아래 [그림 8-7]과 같이 이루어진다.

| 그림 8-7 | **승진관리과정**

2) 승진평가기준과 배점

| 표 8-4 | **일반 구성원의 승진평가기준과 배점**

구분	배점	비고
인사고과	50	인사고과 결과에 따른 배점
외국어능력	20	외국어능력에 따른 배점
현직근무기간	10	현직 근속연수에 따른 배점
교육훈련	10	교육훈련 이수와 평가결과 적용
학력	5	학력에 따른 배점
적성	5	적성검사 실시로 자질판단
상벌	+/- 5	표창에 대한 가점, 징계에 대한 감점
계	100+/-	고득점자 순으로 승진관리

위의 〈표 8-4〉와 같이 각 승진평가기준 요소의 배점 중에서 제일 중요한 요소가 현직에서의 인사고과점수이며, 다음으로 외국어능력의 배점이 높은 이유는 특히 서비스기업에서는 외국어 구사능력이 매우 중요하기 때문이다. 그다음으로는 현직 근무기간, 교육훈련 이수결과, 직무수행에 적합한 학력, 자질과 태도판단을 위한 적성, 상벌에 의한 가점 또는 감점 등의 순으로 배점을 구성하고 있다.

3) 직위별 승진기준연한

| 표 8-5 | 직위별 승진기준연한

구분	승진기준연한
사원 → 주임	3년
주임 → 계장	3년
계장 → 대리	2년
대리 → 과장	2년
과장 → 차장	2년
차장 → 부장	3년
사원 → 부장	계 15년

단, 위의 직위별 승진기준연한은 참고용으로 서비스기업(호텔)의 규모와 인적자원관리정책 등에 따라 실제 승진기준연한에는 차이가 있을 수 있음.

5. 승진관리제도의 성공적 운영

1) 경영전략과 조직문화 조성

최근에는 연공서열 승진관리에 대한 부정적 감정을 해소하기 위해, 일부 조직에서는 직무중심, 성과중심, 능력중심의 승진관리를 시행하고 있다.

그러나 모든 서비스기업이 처해있는 상황이 각기 다르기 때문에 각 조직의 경영전략과 조직문화를 기반으로 하여 내·외부 상황을 확인하고 분석한 후 적합한 승진관리제도를 도입·운영하여야 한다.

즉 가치적 기준, 전통적 기준, 연공주의 기준이 우리나라 조직문화에서 지배적이기 때문에 이러한 기준들을 고려하여 부문별 승진관리기준을 설정하는 조직문화의 조성이 요구되고 있다.

2) 전통적 · 현대적 승진제도의 조화

전통적 승진관리는 능력에 상관없는 연공에 의해 이루어져 자기계발과 동기유발요인으로 적합하지 못하였으며 또한 유능한 구성원에게 비전의 제시가 이루어지지 않았다. 이는 인적자원개발을 위한 제도적 장치가 미흡하였다는 것을 입증하는 것이다.

그러므로 급변하고 있는 내 · 외부 환경변화에 대처하기 위해 전략적 인적자원관리(SHRM)하에서는 전통적 연공중심의 승진제도에서 직무중심, 성과중심, 역할중심의 현대적 승진제도로 변화하고 있으나 연공중심의 승진제도도 단점만 있는것이 아니므로 전통적 승진제도와 현대적 승진제도 간의 적절한 조화가 요구된다.

3) 직위 · 직책 · 직급의 분리운영

① 직위는 조직 내에서의 서열을 의미하고 직위의 종류로는 계장, 과장, 차장, 부장 등을 들 수 있으며,
② 직책은 팀장, 사업부장 등이 단위업무를 맡아 운영하는 수행직무를 의미하며,
③ 직급은 연공서열형 임금체계의 서열을 의미한다.
　동기부여차원 : 직무, 역할, 역량에 따라 직책의 수평적 이동과 능력개발
　성과보상차원 : 직위의 수직적 이동(승진)으로 분리운영 한다.

그러나 이러한 직위, 직책, 직급형태를 효율적으로 분리운영하기 위해서 연공급, 직무급 그리고 직능급 임금체계를 조화롭게 도입하기도 한다.

4) 내부승진을 위한 인적자원관리

내부승진(internal promotion)을 통해 장기적으로 폭넓은 인재풀(pool)을 조성하기 위해서는 구성원들의 능력 향상을 위한 교육훈련제도와 미래의 직위에 대한 경력개발과정을 수립하고 관리하여야 한다.

또한 승진탈락자에 대한 대책수립과 관리도 필요하다.

5) 내부승진과 외부영입의 조화

승진관리(promotion management)는 내부승진을 기본원칙으로 운영하는 것이 구성원들의 사기를 높이는 요인으로 작용할 수 있다. 그러나 인재풀(pool)의 한계성으로 인하여 조직 내부에서 유능한 구성원의 획득이 어려울 경우에는 조직의 경직성으로 환경변화에 대한 대처능력이 떨어질 수 있다.

이러한 단점을 보완하기 위해서 외부로부터의 유능한 인적자원의 확보와 조직의 활성화를 위해 적절한 외부영입도 필요하다.

그러므로 외부영입의 장점과 내부승진의 장점들 간의 적절한 조화가 필요하다. 이들의 적절한 조화를 위해서 내부승진과 외부영입의 장단점을 살펴보면 아래의 〈표 8-6〉, 〈표 8-7〉과 같다.

(1) 내부승진과 외부영입의 장단점

| 표 8-6 | 내부승진의 장단점

장점	단점
사기, 충성심, 귀속감 향상으로 이직감소	새로운 시각과 다양한 사고의 한계
안정감 제공	인재풀(pool)의 한계성
자질검증 용이	기강해이
외부영입의 위험감소	사업다각화에 대한 탄력적 운영의 한계
교육, 경력개발, 훈련비용의 최소화	조직변화와 혁신에 대한 저항

| 표 8-7 | 외부영입의 장단점

장점	단점
새로운 외부정보 및 지식확보 가능	부적합한 인적자원 영입
조직변화의지의 전달효과	내부인적자원의 사기저하
전문가 영입으로 교육훈련비 절약	새로운 조직문화에 대한 부적응
다양한 인적구성으로 조직경쟁력 강화	새로운 아이디어에 대한 거부감은 변화에 대한 장애로 작용

(2) 내부승진과 외부영입의 고려요인

가. 내부승진의 고려요인

㉮ 정상적 조직운영 시
㉯ 이직예방 목적
㉰ 획기적 변화를 원치 않을 때
㉱ 비전과 긍정적 의지 제공
㉲ 전문성, 경험, 조직문화 등에 대한 이해의 중요성 등이 있다.

나. 외부영입의 고려요인

㉮ 경영전략변화의 필요성
㉯ 내부구성원에 대한 불신
㉰ 내부구성원의 현실에 대한 정착현상 지속
㉱ 긴장감 조성의 필요성 인지
㉲ 급속한 환경변화 대응과 조직다변화 등이 있다.

승진관리제도의 성공적 운영을 위해서는 너무 획일적으로 직위, 직책, 직급을 분리하여 시행하는 것보다 조직의 특성에 맞게 적절한 방안을 찾아야 하며 또한 내부승진 또는 외부영입의 장단점과 고려요인들을 유의하여 적절한 조화와 화합을 이끌어 내는 정책을 운영하는 것이 바람직하다.

제4절 징계관리

1. 징계관리의 전반적 이해

1) 징계의 의의

징계(discipline)란 사전적 의미로는 자기 스스로 과거에 당한 일을 뉘우치고 경계함을 의미하나, 조직적 관점에서의 징계란 조직의 효율적 운영을 위해 필요한 질서와 규칙을 취업규칙과 사규 등에 명시하여 이들의 범위 내에서 구성원들이 직무를 수행하도록 규정하고 있다.

이러한 조직의 질서와 규칙에 대한 위반행위를 통제하고 규제하기 위한 제재의 수단이 징계이다.

징계관리(disciplinary management)는 복무규정위반에 대한 인사관리과정을 말하는데, 즉 징계관리규정에 명시된 위반행위에 대한 징계처리과정 전반을 관리하는 것을 의미한다.

2) 징계의 목적

징계는 조직의 행동규범을 준수하도록 하는 통제활동으로서 질서와 규칙 위반자에 대한 징계·제재수단들을 이용하여 규정위반을 교정하려는 데 주목적이 있다.

그러나 처벌효과만을 강조하기보다는 예방하고 개선하는 관점에서의 효과적인 징계관리는 조직의 기강확립을 위해 매우 중요하다.

(1) 예방 목적

최우선적으로 징계대상행동의 발생을 사전에 예방하기 위함이다.

(2) 개선 목적

다음 단계로 징계대상행위 발생에 대한 상담, 지도, 자기반성 등을 통해 행위개선과 재발방지하기 위함이다.

(3) 처벌 목적

최종적 단계로서 예방과 개선의 효과가 없고 불가능하다고 판단될 때, 징계관리규정에 의거하여 강력한 제재조치로 처벌하기 위함이다.

3) 징계권 행사의 기본원칙

공정한 징계권 행사를 위해서는 [그림 8-8]의 원칙들을 준수하여야 한다.

| 그림 8-8 | 징계권 행사의 기본원칙

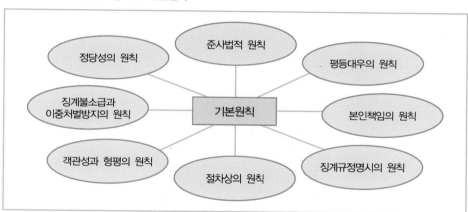

(1) 정당성의 원칙

징계권의 행사는 질서유지를 위해 필요한 범위 내에서 단체협약과 취업규칙 등에 정한 바에 따라 공정하게 행사되어야 정당성을 가질 수 있다.

(2) 준사법적 원칙

조직 내 질서에 관한 처벌로서 준사법적 성격을 지니며 정해진 원칙에 의해 행사되어야 한다.

(3) 평등대우의 원칙

동일한 형태의 행위에 대한 징계처분의 종류와 정도가 구성원에 따라 다르게 적용되고 조치되어서는 안 된다.

(4) 징계불소급과 이중처벌방지의 원칙

취업규칙에서 규정하고 있지 않는 행위로는 징계 받지 아니하며, 동일한 징계 행위에 대해서는 이중처벌을 받지 아니한다.

(5) 본인책임의 원칙

징계는 본인의 행위에 대한 처벌로서 타인의 행위로 인하여는 처벌을 받지 아니한다.

(6) 객관성과 형평의 원칙

취업규칙을 적용해서 징계처분을 할 때에도 객관성이 있어야 하며 형평에 어긋나지 않아야 한다.

(7) 절차상의 원칙

징계제도의 합리적 운영을 위해 단체협약이나 취업규칙의 절차를 준수하여야 한다.

(8) 징계규정명시의 원칙

징계대상의 명시와 해당징계의 종류를 취업규칙에 명시하여야 한다.

4) 징계대상행동

일반적인 징계대상행동은 아래의 〈표 8-8〉과 같다.

| 표 8-8 | 징계대상행동

구분	내용
직무태만	근무불량, 무단결근, 빈번한 지각 및 조퇴, 직장이탈 등
근무태도	근무태도불량, 빈번한 고객불평/불만 야기
지시명령	지시명령의 불복종과 반항행위
비밀유지	기업비밀누설행위
겸직금지	영리목적인 겸직행위
형사범죄	폭력, 기업이미지 추락행위
시설의 무단사용	시설의 무단사용과 훼손
횡령과 착복	금품횡령 및 절도, 착복과 유용 등
명예훼손	기업에 대한 명예훼손
물품절취/반출	무단 반출과 절취로 인한 재산상 손해
업무방해	부서 간의 업무방해행위
불법노조운동	불법노조활동과 노동조합법 위반행위
경력허위/문서위조	경력허위와 문서위조 등

자료 : 김성수(2010), 혁신적 인적자원관리, 탑북스, 저자 재구성

2. 징계의 종류, 과정 및 가중조치

1) 종류

징계의 종류를 살펴보면 아래의 〈표 8-9〉와 같다.

| 표 8-9 | 징계의 종류

종류	내용
구두경고(oral warning)	경미하거나 또는 처음인 잘못에 대한 조치
서면경고(written warning)	구두경고의 누적으로 인하여 서면으로 경고하는 조치
견책(reprimand)	가벼운 징계이나 징계절차에 의한 훈계로서 인사기록에 남고 인사고과에 반영되는 징계조치

종류	내용
근신(probation)	견책보다 높은 수준의 징계로서 일정기간 동안 직무수행을 하지 않고 근신하게 하며 인사고과에 반영되는 징계조치
감봉(pay cut)	징계기간 동안 임금에서 일정률(1/3)을 삭감하여 지급하는 징계조치
강급(degrading)	현재 직위에서 직급 또는 임금의 호봉을 낮추어 책임과 권한을 축소하고 임금을 삭감하는 징계조치
정직(suspension)	신분은 유지한 채 일정기간 동안 직무에 종사하지 못하게 하고, 정직기간 동안 임금에서 일정률(2/3)을 삭감한 후 지급하는 징계조치
강등(degradation)	낮은 직위로의 인사이동으로 책임과 권한의 축소, 임금을 삭감하는 징계조치
권고사직(resignation)	사직을 권유하는 징계조치
징계해고(dismissal)	취업규칙 또는 단체협약의 규율을 어긴 잘못에 대한 가장 높은 수준의 징계로서 해고조치

2) 과정

아래의 [그림 8-9]와 같은 절차에 의해 징계조치가 이루어진다.

| 그림 8-9 | **징계절차과정**

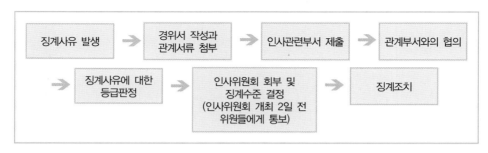

3) 가중조치

징계처분을 중복해서 받을 경우에는 아래 〈표 8-10〉과 같이 가중하여 징계조치한다.

| 표 8-10 | **징계의 가중조치**

구분	가중조치
구두경고 2회	서면경고 1회
서면경고 2회	견책 1회
견책 2회	감봉 1회
감봉 2회	강급 1회
강급 2회	정직 1회
정직 2회	강등 1회
강등 2회	징계휴직 1회
징계휴직 2회	권고사직 또는 징계해고

단, 징계처분을 받은 후 3년이 경과하면 징계의 가중조치를 적용하지 아니한다. 조직의 경영방침에 따라 징계의 가중조치에는 약간의 차이가 있을 수 있다.

◯ 제5절 이직관리

1. 이직관리의 전반적 이해

1) 정의

이직(separation)이란 자의 또는 타의에 의해 다른 기업으로 옮기거나, 구조조정이나 징계에 의해 해고 또는 조기퇴직 등의 사유로 조직을 떠나는 것을 의미한다.

이직관리(separation management)란 유능한 구성원의 이직을 방지하고 또한 이직이 적정수준에서 이루어지도록 유도하고 관리하는 것을 의미한다.

2) 중요성

이직관리에서 중점적으로 다루어지는 문제가 자발적 이직에 해당하는 요소로서 유능한 구성원의 자발적 이직을 최대한 줄이는 것이 이직관리의 핵심이며 중요성이다.

3) 목적

적정인력을 유지하여 생산성을 증대시키고 내·외부 환경변화에 대한 조직적 응력을 배양하며 또한 조직정체현상을 극복하여 구성원의 욕구를 충족시키는 데 있다.

4) 이직의 유형

이직의 유형에는 자발적 이직과 비자발적 이직이 있으며 이를 분류하면 〈표 8-11〉과 같다.

| 표 8-11 | **이직의 유형**

유형	자발적 이직(voluntary separation)	사직	의원면직
			권고사직
		자진퇴직(이사, 질병, 사망)	
	비자발적 이직(involuntary separation)	퇴직	정년퇴직
			조기정년퇴직(명예퇴직)
		해고	일시해고
			징계해고
			정리해고

(1) 자발적 이직

이는 구성원 자의에 의한 이직으로서 사직(의원면직, 권고사직)과 개인적 사정에 의한 자진퇴직이 있다.

(2) 비자발적 이직

이는 구성원의 자의와 상관없이 조직의 요구에 의한 이직으로서 퇴직(정년 및 명예퇴직)과 해고(일시해고, 징계해고, 정리해고)가 있으며 정리해고는 구조조정으로 인한 해고를 의미한다.

5) 이직의 장단점

장점으로는

① 새로운 인적자원의 채용으로 인한 조직활성화 유도
② 무능과 불만 구성원에 대한 퇴직 유도
③ 잔류구성원의 배치전환 및 승진기회 제공
④ 인력수급의 유연성 제공 등을 들 수 있다.

단점으로는

① 이직으로 인한 비용(채용과 훈련비용 등)증가
② 경력구성원의 상실
③ 조직 내 위화감과 불안감 조성
④ 잔류구성원의 업무량 증가 등을 들 수 있다.

6) 이직률에 영향을 미치는 요인

이직률에 영향을 미치는 요인들의 상관관계를 구성원 측면과 조직 측면으로 구분하여 알아보면 다음과 같다.

(1) 구성원 측면

① 연령 : 연령이 낮을수록 이직률이 높은 편이며,
② 경력 : 경력이 낮은 초기단계에서는 이직률이 높은 편이며,
③ 성별 : 여성의 이직률이 높은 편이며,
④ 근속연수 : 근속연수가 높을수록 이직률이 낮은 편이며,
⑤ 교육수준 : 교육수준이 높을수록 이직률이 높은 편이며,
⑥ 가족상황 : 가족에 대한 책임이 클수록 이직률이 낮은 편이다.

(2) 조직 측면

① 임금수준 : 임금수준이 높을수록 이직률이 낮은 편이며,
② 직무수행환경 : 직무수행을 위한 환경이 좋을수록 이직률이 낮은 편이며,
③ 채용관리 : 합리적 채용관리가 이루어질수록 이직률이 낮은 편이며,
④ 복리후생 : 복리후생제도가 좋을수록 이직률이 낮은 편이며,
⑤ 적성과 직무 : 적성에 맞는 직무인 경우에는 능력과 성과가 높은 편이며,
⑥ 노조와 노사협의회 : 노조와 노사협의회의 활발한 운영은 이직률을 감소시키며,
⑦ 교육훈련 : 교육훈련실시율이 높을수록 이직률이 낮은 편이며,
⑧ 승진 및 경력개발 : 승진기회와 경력개발기회가 적을수록 이직률이 높은 편이며,
⑨ 능력인정정도 : 능력인정정도가 높을수록 이직률이 낮은 편이며,

⑩ 감독방법 : 성과지향적인 감독은 이직률을 높게 할 수 있고, 인간관계중심
   적 감독은 이직률을 낮게 하며,
⑪ 동료관계 : 동료관계와 팀워크가 좋을수록 이직률이 낮은 편이다.

2. 자발적 이직관리

1) 자발적 이직의 정의

자발적 이직이란 자의에 의한 사직을 의미하며 기존 조직에 대한 불평·불만
으로 새로운 조직으로 옮기기 위해 기존 조직을 떠나는 경우와 기타 이유(결혼,
임신, 출산, 이사 등)로 조직을 떠나는 경우를 말한다.

2) 자발적 이직의 유형

자발적 이직은 자의에 의한 의원면직과 조직의 권고에 의한 권고사직으로 구
분될 수 있다.

(1) 의원면직

개인적 사유로 조직을 떠나기 위해 사직하는 자발적 이직

(2) 권고사직

조직구조의 변화와 직무수행능력상의 문제로 인하여 자의적으로 조직을 떠날
것을 구성원에게 권고하여 사직하게 하는 자발적 이직

3) 자발적 이직관리기능

자발적 이직관리기능(voluntary separation management)으로는 먼저 경영전략목
적에 따라 구성원의 능력과 성과를 평가한 후에 유능구성원, 성장구성원, 문제구
성원, 결격구성원으로 아래의 〈표 8-12〉와 같이 구분하여 각 구성원별 적절한 대
책을 수립하고 관리하여야 한다.

① 유능구성원 : 적극적인 이직방지대책이 필요하며,
② 성장구성원과 문제구성원 : 성장유도와 문제해결을 위한 노력을 하고,
③ 결격구성원 : 장기적으로 이직대책이 필요하다.

| 표 8-12 | **구성원 포트폴리오**

4) 자발적 이직관리 시 분석요인

① 이직원인 : 이직의 이유 분석
② 이직시기 : 특정시기 집중여부 파악과 이직방지대책 수립
③ 이직구성원 : 이직구성원의 직위, 직책, 직급, 능력, 성과수준 등의 분석
④ 이직 후 진로 : 이직 후 진로에 대한 추적분석이 있다.

단, 유능구성원이 경쟁기업으로 이직할 경우에는 경영전략과 노하우 등의 피해에 대한 분석이 필요하다.

| 그림 8-10 | **자발적 이직관리의 분석과정**

5) 자발적 이직의 원인

(1) 자발적 이직의 원인요인, 유인과 성과관계

가. 원인요인

커톤과 터틀(Cotton & Tuttle)에 의하면 자발적 이직의 원인을 세 가지로 구분하여 환경요인, 직무관련요인, 개인특성요인으로 구분하고 있다.

주요 원인요인들을 살펴보면 아래의 〈표 8-13〉과 같다.

| 표 8-13 | **자발적 이직의 주요 원인요인**

환경요인	직무관련요인	개인특성요인
• 고용환경과 의지 • 실업률 • 취업률 • 노동조합의 유무	• 임금 • 직무성과 • 직무명확성 • 직무반복성 • 직무만족도 • 임금만족도 • 상급자에 대한 만족도 • 동료에 의한 만족도 • 승진기회에 대한 만족도 • 조직에 대한 기대감	• 조직충성도 • 연령 • 근속연수 • 성별 • 교육 • 결혼 여부 • 부양자 수 • 적성, 지식, 능력 • 이직 의도

출처 : J. L. Cotton & J. M. Tuttle(1986), Employee turnover. A meta analysis and review with implications for Academy of Management Review. 11(1). 55~70. 저자 재구성

나. 유인과 성과관계

조직이 제공하는 유인요인과 조직에 대한 성과도를 비교하여 최소한 같거나 클 경우에 구성원은 조직에 잔류하게 된다.

그러나 보상하는 유인요인들에 만족하지 못하면 조직을 떠나게 된다. 이러한 자발적 이직의 원인에 대해 간략히 살펴보면 다음 [그림 8-11]과 같다.

| 그림 8-11 | 조직의 유인과 성과도

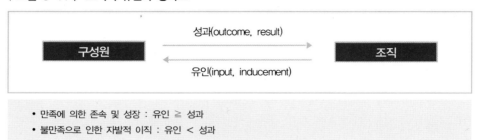

- 만족에 의한 존속 및 성장 : 유인 ≧ 성과
- 불만족으로 인한 자발적 이직 : 유인 < 성과

6) 자발적 이직의 문제점과 대책

| 그림 8-12 | 자발적 이직의 문제점과 대책

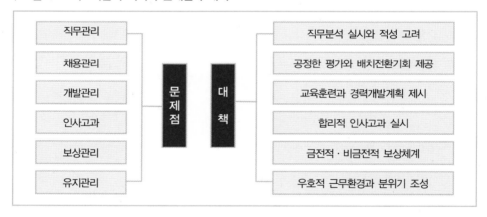

(1) 문제점

가. 직무관리 문제점

㉮ 적성과 직무와의 부적합 문제
㉯ 직무에 대한 불만족 문제

나. 채용관리 문제점

㉮ 장래직무에 대한 설명부족 문제

㉯ 실습기회 문제
　　㉰ 배치전환 문제 등

다. 개발관리 문제점

　　㉮ 교육훈련과 경력개발관리 – 구성원 욕구 고려 부족
　　㉯ 승진정체현상

라. 인사고과 문제점

능력과 성과에 대한 공정성 문제

마. 보상관리 문제점

　　㉮ 성과에 적합한 보상 문제
　　㉯ 금전적 보상 또는 비금전적 보상의 문제

바. 유지관리 문제점

　　㉮ 작업조건상의 문제
　　㉯ 동료 및 집단과의 불화문제
　　㉰ 폐쇄적, 권위주의적 조직문화의 문제 등을 들 수 있다.

(2) 대책

가. 직무관리대책

　　㉮ 직무기술서와 명세서에 의한 수행직무와 직무분석 실시
　　㉯ 구성원의 적성 고려

나. 배치전환관리대책

　　㉮ 과대평가와 과소평가 방지를 위한 시스템 개발

ⓝ 사내공모제도 등을 이용하여 배치전환기회 제공

다. 개발관리대책

　　㉮ 승진체제의 개선
　　ⓝ 장기적인 경력개발계획 제시로 성장기회 제공

라. 인사고과대책

공정성, 신뢰성, 타당성 등의 인사고과원칙에 의한 공정하고 합리적인 고과 실시

마. 보상관리대책

금전적 보상과 비금전적 보상

바. 유지관리대책

　　㉮ 우호적인 근무환경 조성과 가족적 분위기 조성
　　ⓝ 휴식시간 제공과 스트레스 관리 등을 들 수 있다.

3. 비자발적 이직관리

　　불확실한 환경변화 속에서 조직이 생존하기 위해 조직규모의 축소, 리엔지니어링, 다운사이징, 슬림화 등과 같은 전략적 변화와 조직구조축소 등을 시행하고 있다.

　　이러한 조직구조축소의 부작용을 최소화하기 위해 비자발적 이직관리기능을 이용하여 조직구조조정과 구성원 수를 조정하여 조직효율성을 높이고자 한다.

1) 비자발적 이직의 정의

　　비자발적 이직(involuntary separation)이란 타의에 의한 이직을 의미하며, 유형으로는 크게 퇴직과 해고로 구분할 수 있다.

첫째, 퇴직은 정년퇴직과 조기정년퇴직(명예퇴직)으로 구분되며,

둘째, 해고는 일시해고, 징계해고, 정리해고 등으로 구분된다.

2) 비자발적 이직의 유형

| 그림 8-13 | **비자발적 이직의 유형**

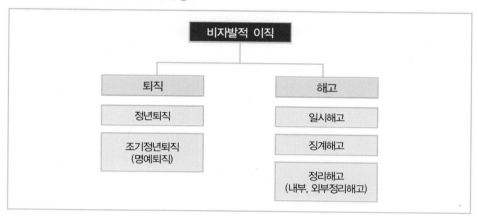

(1) 퇴직

가. 정년퇴직

장기근속으로 조직이 정한 일정한 연령에 도달하거나 또는 일정기간 동안 승진하지 못하고 동일 직위와 직급에서 오래 근무하고 있을 때 조직의 신진대사를 촉진시키고 능률성을 확보하기 위해 퇴직하게 하는 제도이다.

나. 조기정년퇴직(명예퇴직)

조직이 정한 정년 전이라도 내·외부환경의 변화에 대응하고 경쟁력을 향상시키기 위해 일정한 연령에 도달한 구성원에게 자진하여 이직하도록 하는 제도이다.

이 제도는 구성원에게는 능력재개발의 기회부여와 조직에게는 조직의 정체현상을 완화시켜주기 위한 하나의 이직형태이다.

(2) 해고

가. 일시해고(temporary layoff)

조직이 경영부진으로 인원을 감축하여야 할 때, 추후에 재고용할 것을 약속하고 일시적으로 해고하는 제도이다.

즉 비수기에 대한 시기적 대책의 수단으로 일시해고를 시행한다.

나. 징계해고(disciplinary dismissal)

구성원이 조직의 질서 및 계약의무의 위반을 한 것이 중대한 경우에 그 행위에 대한 제재를 위해 해고하는 제도이다.

다. 정리해고(layoff)

경제적·산업구조적 또는 기술적 경영합리화 이유로 과잉구성원을 정리하기 위한 해고방법이다.

3) 징계해고 및 정리해고관리

(1) 징계해고관리

부정과 부당한 행위에 대해 처벌하고 조직의 질서유지를 위해 필요한 조치이다. 징계해고를 위해서는 아래의 관리과정이 필요하다.

① 해고에 대해 명문화하고,
② 전 구성원에게 징계해고의 사례들을 주지시키며,
③ 관리자에게는 징계해고의 규칙과 내용을 주지시키며,
④ 징계해고에 대한 사례분석을 실시하고,
⑤ 중대한 징계해고에 대한 재검토가 필요하며,
⑥ 징계해고 조건이 완전히 처리될 때까지 조직 내 체류토록 하며,
⑦ 재조사를 위한 규칙을 유지하여야 한다.

(2) 정리해고관리

정리해고관리를 내부정리해고관리와 외부정리해고관리로 구분하여 알아보면,

가. 내부정리해고관리

가) 정의

일자리나누기(work sharing) 중심으로 현재 구성원 수는 유지하면서 노동력의 활용방법을 변경하는 고용조정형태이다.

나) 유형

(가) 양적고용조정

    a. 근로시간조정 : 근로시간단축
    b. 휴업 및 휴식 : 조업단축고려
    c. 신규채용억제 : 해고회피방안

(나) 질적고용조정

    a. 배치전환
    b. 전출 및 전적
        a) 전출 : 기존 조직의 신분은 유지하면서 다른 외부의 조직으로 이동하여 다른 조직의 지휘명령을 받으면서 근무하는 제도
        b) 전적 : 소속을 옮기는 것으로서 새로운 조직과 근로계약 관계를 맺는 것
    c. 교육훈련과정 이수 : 자기계발로 능력향상 도모
    d. 임금조정 : 임금체계의 다양화와 임금삭감 등으로 비용절감

나. 외부정리해고관리

가) 정의

구성원과의 고용관계를 단절하고 외부노동시장으로 이직시켜 구성원 수를 줄이는 것으로서 정리해고와 조기퇴직(명예퇴직)이 여기에 해당된다.

대표적인 관리수단은 정리해고이다.

나) 문제점

(가) **구성원측면**

    a. 실직예견 및 직장불안 증폭

    b. 유능한 구성원의 자발적 이직증가

(나) **조직측면**

    a. 직무상 부작용 : 유능한 구성원의 자발적 이직증폭

    b. 조직구조의 부작용 : 조직의 기계적 구조화 원인

    c. 조직전략의 부작용 : 단기적인 원가절감이 장기적인 조직개발과 구조조
정에 부정적 결과 초래

(다) **조직문화측면**

    a. 투쟁적 사고와 상호불신 풍토 초래

    b. 경직화된 조직행동 형성

    c. 비정상적 커뮤니케이션 구조 형성 등을 들 수 있다.

다) 대책

(가) **정리해고 대상자 선정 시의 공정성**

(나) **지원체제 구축**

    a. 아웃플레이스먼트(outplacement) : 퇴직자 대상으로 신속한 재취업기회
지원 제공

    b. 인플레이스먼트(inplacement) : 잔류구성원에 대한 적극적인 경력개발과
교육훈련지원

(다) **재고용제도의 활용**

퇴직자에 대한 임시직과 계약직으로 재고용 고려 등을 들 수 있다.

4) 효율적 이직관리

적정이직률은 건전한 조직특성을 형성해 주지만, 과도한 이직률은 조직문화 약화를 가져오고 반대로 낮은 이직률은 조직정체현상을 가져올 수 있다.

그러므로 효율적인 이직관리를 위해서는 자발적 이직 중 사직(의원면직)을 감소시키기 위한 대책을 강구하여야 한다.

사직(의원면직)감소의 대책으로는

① 임금조정
② 역할의 명료성
③ 직무만족확대
④ 직무욕구충족
⑤ 조직성장 및 비전제시
⑥ 제도적 개선과 보완 등을 들 수 있다.

이러한 대책수립과 시행을 적극 추진하여 현재 근무 중인 구성원에게 주는 충격을 최소화하고 조직의 경쟁력을 강화하며, 더불어 절차적 정당성을 확보하고 법적 규제 등을 잘 반영하여 이직을 관리하여야 한다.

명품서비스를 위한 4가지 기본행동

1. 고객의 눈을 보라.

2. 고객을 향해 미소지어라.

3. 고객과의 대화를 나누어라.

4. 고객에게 감사의 표시를 하라.

 불평고객의 행동유형

1. 95%의 고객은 불평을 표현하지 않는다.

2. 서비스에 불만이 있는 고객의 90% 이상은 두 번 다시 오지 않는다.

3. 불평고객 한 사람은 적어도 주위의 10~16명에게 이에 대해 이야기한다.

4. 불평을 신속하게 처리해주면 불평고객의 90% 이상은 단골고객이 된다.

나의 불평 유형 진단하기

1. 당신은 오랜 고등학교 친구와 한잔 기울이고 있다. 그녀와는 10년 만에 페이스북을 통해 다시 만났다. 의례적인 인사를 나누고 나자, 그녀가 자신의 실패담을 늘어놓기 시작한다. 이혼, 스트레스가 극심한 직장, 끝없는 집안일 등에 대해서 말이다.

■ 물론 그녀가 잘 지내는 것 같지는 않지만, 당신도 별로 여유가 없다.
◆ 남편이 아이를 셋이나 맡기고 떠나다니 정말 말도 안돼. 남자들이란 다 한통속이야!
● 불쌍해...어렸을 땐 정말 자부심이 강하고 활동적인 친구였는데.

2. 어느 날 저녁, 당신은 녹초가 되어 퇴근을 했다. 집에 들어와 보니 식탁에는 쓸데없는 서류들이 산더미처럼 쌓여 있고, 싱크대에는 그릇들이 그대로 남아 있다.

● 당신은 가족들에게 당신 입장도 좀 생각해 달라고 말한다. 집에 돌아왔을 때 이렇게 집 안이 엉망진창이면 누가 기분이 좋겠는가?
■ 하루 종일 일하고 들어왔는데, 집안일까지 해야 한다니, 눈물이 날 지경이다. 매번 똑같다.
◆ 소리를 지르고 나서, 최대한 요란하게 설거지를 한다.

3. 가장 마음에 드는 격언은 무엇인가?

■ 인생에서 늘 원하는 대로 할 수는 없다.
● 인생에서 진정한 친구는 다섯 손가락 안에 꼽는다고 한다.
◆ 인생에서 의지할 사람은 자신뿐이다.

4. 인터넷이 고장 나서 고객센터에 전화한다. "고객님의 예상 대기 시간은 5분입니다." 라는 나긋나긋한 안내 멘트가 흘러나온다. 예상 시간은 20분을 훌쩍 넘겼는데...

◆ 마침내 상담원의 목소리가 들려오자 당신은 노발대발하여 생난리를 친다.
● '항상 이런 식이지, 고객 따윈 안중에도 없어'라고 생각하며 전화를 끊는다.
■ 사무실에서 책상 앞에 앉아 몇 주째 굴러다니는 서류더미를 정리하며 스피커폰으로 통화한다. 불만을 제기하는 사람이 아침부터 족히 10명은 넘을 거라는 걸 알지만, 상담원이 연결되자 당신은 불만사항을 말한다.

5. 당신은 지금 레스토랑에 있다. 레어 스테이크를 주문했는데, 종업원이 미디엄 스테이크와 덜 익은 감자튀김을 내왔다.

■ 한숨을 푹 쉬며 마지못해 스테이크를 먹는다. 저녁 식사 내내 다른 서비스도 엉망이라고 지적하며 투덜댄다. 맛집 리스트에서 삭제할 곳이 하나 더 늘었다.

◆ 종업원을 불러, 손님이 많지 않으니 주문을 다시 제대로 받을 수 있는지 묻는다. 이런 경우가 어디 있어!

● 종업원에게 주문을 잘못 받았다고 지적하며, 레어 스테이크로 바꿔달라고 요청한다. 그리고 오는 김에 감자튀김도 더 바삭바삭하게 해달라고 말한다. 당신은 음식이 다시 나와도 별로일 거라고 생각한다. 그리고 다시는 이 레스토랑에 오지 않겠다고 다짐한다.

6. TV의 정치 토론 프로그램을 어떻게 생각하는가?

■ 그 나물에 그 밥이다. 전망을 제시하고 듣기 좋은 말을 하지만, 결국 살기 힘든 건 마찬가지이다.

◆ 투표는 한다. 의무니까. 하지만 다른 일에 대해서는 절대 그들을 지지하지 않을 것이다.

● 다 썩어빠졌어!

7. 당신은 마트에서 세제 하나만 계산하려고 줄을 서 있다. 앞에는 물건이 가득 실린 카트들이 끝없이 늘어서 있다.

■ 누군가 양보해주길 바라며 투덜댄다. 어떻게 항상 이런 줄만 골라 서는지, 참 재주도 용하다!

◆ 다들 못 본 척하고 있는 게 분명하다. 사람들이 정말 더럽게 이기적이다.

● 앞에 선 친절한 부인에게, 지나가도 되느냐고 묻는다. 그러면서 "저 세제 하나만 사면 되는데, 먼저 계산해도 될까요?"라고 상냥하게 말한다.

8. 친구에게 화가 났을 때 당신은?

◆ 당신은 부당하게 대우받는 걸 좋아하지 않는다. 그도 참 딱하다! 사과할지 말지는 그가 결정할 일이다.

■ 분노가 당신을 갉아먹고 우울하게 만든다. 내심 그가 도와줄 거라고 기대했는데 말이다.

● 친구에게 화가 났다고 말하고 되도록 빨리 갈등을 풀어버린다. 이런 갈등이 생긴 건, 두 사람 모두 지금 힘든 시기이기 때문이라고 이해하며 화해한다.

9. 당신은 지금 여행 중인데, 몇 시간째 어린아이 셋 때문에 못 견딜 지경이다. 아이들의 엄마는 저지할 생각이 없어 보인다. 갑자기 한 여성 여행객이 자리에서 일어나 애들 엄마에게 매몰차게 소리친다. "당신 애들이 소리를 질러서 여기 있는 사람들이 다 괴롭잖아요!"

■ 여행 내내 당신도 이를 꽉 깨물며 이 여성처럼 생각했다. 이 여성은 단지 당신보다 용감했을 뿐이다.

● 당신은 다 이해한다는 듯한 시선으로 이 여성을 치켜세운다. 안 그랬으면 당신이 이 세 악동을 창밖으로 집어던졌을 테니까!

◆ 이 여성은 바로 당신일 수 있다!

10. 당신은 파티에 참석했다. 대화는 한 친구에 관한 이야기로 흘러간다. 그녀는 모임에서 약간 성격이 '괴팍한' 친구로 통한다. 이제 그녀의 성격이며 행동, 생김새, 남자친구에 대해서까지 쑥덕대기 시작한다. 물론 그녀는 이 자리에 없다!

● 당신은 그녀가 당신 집에 몇 시간 머물다 간 일을 이야기한다. 그날 저녁 당신은 녹초가 됐고, 하마터면 그녀를 한 대 칠 뻔했다!

◆ 그녀는 정말 견디기 힘든 사람이다. 모두를 성가시게 하고, 자기 얘기뿐이며, 당신 생일을 한 번도 챙긴 적이 없다.

■ 그녀가 지내기 쉬운 사람이 아닌 건 사실이다. 그런데 친구들은 당신이 없는 자리에서도 당신을 이렇게 씹어댈까?

11. 차 뒷자석에, 코 묻은 휴지들이 쌓여 있는 것을 발견했다.

■ 화가 나서, 말을 안 듣는다며 아이에게 불평한다. 그리고 투덜대며 차 안을 치운다.

◆ 아이에게 벌을 주고 휴지를 치우라고 말한다. 오늘 저녁 아이에게 디저트는 없다.

● 이 상황이 웃기면서도 불쾌하다. 당신은 아이에게 다 쓴 휴지는 잘 버리라고 말한다.

12. 내일 당신은 일찍 일어나야 하고, 컨디션도 좋아야 한다. 젠장, 윗집에 사는 이웃이 파티라도 하는 모양이다. 음악소리와 온갖 소음이 쿵쿵 울린다.

● 저주를 퍼부운 뒤, 이럴 때 유용한 귀마개를 꺼내 다른 생각을 해보려고 애쓴다.

■ 하필이면 오늘 저녁에 파티라니 난 정말 운도 지지리 없네. 파티를 한다고 미리 양해를 구할 수도 있었잖아.

◆ 마음을 좋게 먹으려 애쓴다. 마음을 가라앉히라는 친구의 메시지도 받았다. 하지만 결국 밤 11시 30분에 윗층으로 올라간다.

나의 불평 유형 진단하기

[대체로 ●가 많다]
불평은 전염병처럼 당신에게 옮아갈 것이다. 당신은 남들을 따라 습관처럼 불평한다. 그럴 만한 상황이니까, 늘 그렇게 반응해왔으니까. 그렇게 심각한 일로 불평하는 것도 아니고, 심지어 의식하지도 못한 채 계속해서 투덜거린다. 차가 막혀서, 날씨가 안 좋아서, 지각을 해서, 곤란한 일이 생겨서 등등 이유는 다양하다. 당신이 기분 나빠하며 투덜대는 모습은 우스꽝스러워 보이기도 한다. 마치 프랑스의 만화 〈땡땡의 모험〉에 나오는 아독 선장 같다. 그는 실수투성이에 술을 엄청 좋아하고 무엇보다 화를 잘 내는 다혈질이다. 분명 이런 이미지가 마음에 들지는 않을 것이다. 당신을 위한 새로운 규칙을 세우고, 불평을 축하와 기쁨으로 바꾸어보자.

[대체로 ■가 많다]
당신에게 불평은 심각한 고민을 표현하기 위한 방어수단이다. 주로 불평은 보다 본질적인 욕구를 표현하고 싶을 때 나온다. 간단히 말해 당신이 욕구를 표현할 적절한 방법을 모른다는 뜻이다. 불평하다 보면 지치기 마련이고, 근본적인 욕구들을 표현할 기회를 놓치기 때문에 적절하지 않다. 본심을 불평으로 돌려 표현한다는 점에서 이것은 일종의 심리학적 '전위'이다. 점쟁이가 아닌 이상, 남들은 거북이 등껍질 같은 당신의 그 무뚝뚝함 속에 뭐가 숨겨져 있는지 알 길이 없다! 당신은 소통하려고 노력해야 한다. 진짜 마음에 들지 않는 것, 당신을 힘들게 하는 것, 당신을 좀 더 나아지게 하는 것이 무엇인지 가까운 사람들에게 표현해야 한다. 그래야만 삶이 가뿐해지고 결과적으로 불평을 줄일 수 있다!

[대체로 ◆가 많다]
당신은 '성질이 고약하다'거나 '당신을 무시했다간 큰코 다친다', 또는 '화를 잘 내는 사람'이란 말을 자주 들었을 것이다. 당신은 사소한 일이건 큰일이건 수시로 불평한다. 당신의 뇌는 '분노 경고'가 최대로 발효된 상태이다. 내면의 압박감을 쌓아두지 않고 분출한다는 점에서는 장점이라 할 수도 있다. 당신 마음속 깊은 곳에는 매 순간 끓어오르는 분노가 잠자고 있으며, 이 분노는 진짜 솔직한 것이기 때문이다. 지저분한 테이블을 보았을 때 당신의 뇌는, 신문의 사회면에서 불쾌한 사건들을 접했을 때와 같은 상태가 된다. 이런 성격은 위험하다. 사람들이 당신의 말과 행동을 중요하게 생각하지 않을 수 있기 때문이다. '짖는 개는 절대 물지 않는다'는 말을 생각해보라. 당신의 분노와 에너지를 길들여 긍정적으로 표출하라.

〈나는 불평을 그만두기로 했다〉 크리스틴 르위키 저

제9장

교육훈련관리

제9장 교육훈련관리

제1절 교육훈련관리의 전반적 이해

1. 교육훈련의 개념

교육훈련은 신입 인적자원에 한해서만 교육훈련을 실시하는 것이 아니다. 성공적인 서비스기업에서는 모든 구성원들에게 교육훈련을 지속적으로 실시하고 있다.

만약 관리자가 자신이 원하는 방식대로 직무를 수행하게 한다면 이것도 교육훈련이며 또한 지시하고 직무수행절차를 토의하고 실행한다면 이것 역시 교육훈련인 것이다.

조직을 벗어나 특정한 장소에 모여 실시하는 사외 교육훈련(off the job training)을 전형적인 것처럼 생각하지만 이것이 교육훈련활동의 중심은 아니다.

그러므로 교육훈련의 중심은 관리자가 일상적인 직무수행 중에 시행하고 있는 사내 교육훈련(on the job training)과 개인지도(personal coaching)에 있는 것이다.

2. 교육훈련의 정의

교육훈련(education & training)이란 서비스기업의 목표를 달성하기 위하여 구성원으로 하여금 직무수행에 필요한 지식과 능력을 습득·향상시켜나가는 과정이며 또한 가치관과 태도 등을 바람직한 방향으로의 변화를 촉진하게 하는 활동이라고 정의할 수 있다.

서비스기업에서 실시하는 교육훈련의 내용은 지식이나 기술교육만 가르치는 것이 아니라 구성원의 자아실현과 인격완성을 위한 교육까지도 포함하고 있다.

3. 교육훈련의 목적

교육훈련의 목적을 알아보면 아래 [그림 9-1]과 같다.

| 그림 9-1 | **교육훈련의 목적**

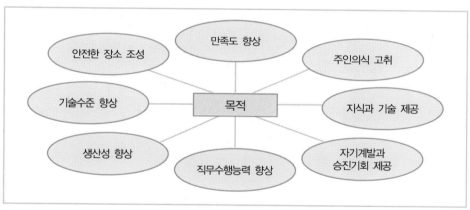

교육훈련의 목적으로는

첫째, 시설을 안전한 장소로 조성
    - 사고예방
    - 안전시설 및 장치설치
둘째, 만족도 향상
셋째, 주인의식 고취

넷째, 직무수행에 필요한 지식과 기술 제공

다섯째, 새로운 기술습득으로 인한 기술수준 향상

여섯째, 전문화와 표준화로 인한 생산성 향상

일곱째, 직무수행능력 향상

여덟째, 자기계발과 승진기회 제공 등을 들 수 있다.

4. 교육훈련의 필요성

교육훈련의 계획수립과 효과적 운영을 위해 아래의 필요성을 명확히 인식할 때 시간과 예산의 낭비를 줄이고 실효성을 거둘 수 있다.

교육훈련의 필요성으로는

첫째, 구성원의 능력 퇴화방지

둘째, 직무변동에 대한 신속한 적응

셋째, 승진준비과정

넷째, 경력개발관리와 조정

다섯째, 바람직한 가치관과 태도형성

여섯째, 새로운 직무의 내용, 기능과 근무규칙숙지 등을 들 수 있다.

5. 교육훈련 내용의 연대별 변화

교육훈련 내용이 연대별로 많은 변화를 가져오고 있으며 이러한 변화내용을 연대별로 구분하여 살펴보면 〈표 9-1〉과 같다.

| 표 9-1 | 교육훈련 내용의 연대별 변화

연대	내용
1960년대	• 교육훈련의 필요성 인식과 외국의 교육훈련 프로그램 도입
1970년대	• 실무중심적 교육훈련 실시(사내교육훈련 중심)
1980년대	• 평생교육훈련 프로그램 실시 • 체계적이고 조직적인 교육훈련 프로그램 개발과 실시 　(사내와 사외 교육훈련 도입)
1990년대~2000년대	• 욕구충족의 방법으로 이용 • 전략적 인적자원관리와의 연계 • 정신적 · 윤리적 측면 강조 • 정보화와 같은 전문분야별 교육훈련 등 　(사내와 사외 교육훈련의 적극 활용)

제2절 교육훈련 프로그램 개발

1. 교육훈련의 프로그램 개발과정

여러 서비스기업에서 실시하고 있는 교육훈련 프로그램을 간단히 정리하기란 쉬운 일이 아니다. 그 이유는 규모와 경영정책 등의 차이에 따라 교육훈련 프로그램 개발의 필요성이나 정도가 다를 수 있기 때문이다.

| 그림 9-2 | **교육훈련 프로그램 개발과정**

① 훈련대상을 신입 인적자원과 조직 내 구성원으로 구분하고,
② 조직 내 구성원을 다시 계층별로 일반직원, 감독관리층, 중간관리층/간부관리층, 최고경영층으로 구분하며,
③ 훈련장소에 따라서 사내교육훈련(on the job training)과 사외교육훈련(off the job training)으로 구분하며,
④ 교육훈련 내용을 교양과 전문 교육훈련 등으로 구분하여 프로그램을 개발하여야 한다.

그러나 이러한 프로그램 개발은 그 나름대로의 기준에 따라 프로그램화할 수는 있으나 실제로는 교육훈련의 중복 등의 혼란을 야기시킬 우려도 있기 때문에 이러한 점들을 고려하여 체계적 교육훈련 프로그램을 개발하여야 한다.

2. 교육훈련 프로그램

교육훈련 프로그램을 알아보면 다음 [그림 9-3]과 같이 분류할 수 있다.

| 그림 9-3 | **교육훈련 프로그램**

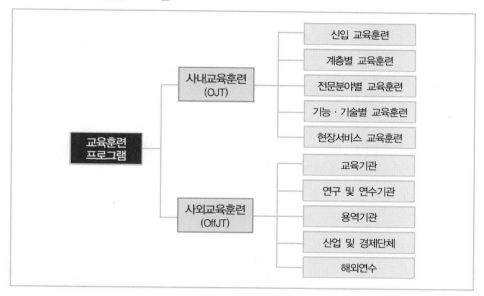

1) 사내교육훈련

사내교육훈련(on the job training)의 종류와 내용은 아래 〈표 9-2〉와 같이 구분할 수 있다.

| 표 9-2 | **사내교육훈련의 종류**

구분	내용	
신입 교육훈련	신입 인적자원 대상 전반적 오리엔테이션(역사와 전통), 조직생활의 자세와 태도, 조직문화와 사회화과정, 고객서비스교육 등	
계층별 교육훈련	최고경영층, 간부 또는 중간관리층, 감독관리층, 일반직원 등	
전문분야별 교육훈련	생산, 마케팅, 재무, 회계, 인사, 노무, 기획관리, 국제경영, 경영정보시스템 등	
기능·기술별 교육훈련	기능훈련	직무수행능력 향상훈련
	기술훈련	직무수행기술훈련 작업지시기술훈련
현장서비스 교육훈련	직무수행지식과 대고객 서비스기술 향상훈련 등	

(1) 신입 교육훈련

신입 교육훈련(education & training for new employee)은 신입 인적자원에 대한 교육훈련으로서 그 내용으로는 역사와 전통 등에 대한 일반적인 소개와 조직생활에 필요한 자세와 태도를 가지게 하는 교육훈련이다.

입사 초기에는 이직률이 높기 때문에 조직에 대한 만족스러운 적응수단으로서 신입 인적자원 교육훈련의 중요성이 갈수록 커지고 있다.

특히 조직문화(organization culture) 관점에서 입사 초기부터 조직의 전통가치를 습득시키고 사회화과정을 위한 교육훈련이 반드시 필요하다.

(2) 계층별 교육훈련

조직의 계층인 직위와 직급에 따라 계층별 교육훈련 프로그램(hierarchical education & training program)을 개발할 수 있다.

이를 위해 최고경영층, 간부 또는 중간관리층, 감독관리층, 일반직원 등의 계층을 중심으로 각 계층에서 필요로 하는 교육훈련을 제공하여야 하며 내용으로는 일반적으로 상위계층일수록 전략적인 과제를, 하위계층일수록 실무기술에 관련된 과제를 강조하게 된다.

(3) 전문분야별 교육훈련

전문분야별 교육훈련 프로그램(professional education & training program)은 전문분야를 중심으로 구성되어야 한다. 즉 생산, 마케팅, 재무, 회계, 인사, 노무, 기획관리, 국제경영, 경영정보시스템(MIS) 등에 관한 전문기능분야별 전문교육훈련 프로그램이 이에 속한다.

(4) 기능 · 기술별 교육훈련

기능(skill) 습득을 위한 훈련은 계층별 또는 전문분야별 교육훈련에 포함될 수 있지만 교육대상자가 많고 그 중요성도 크므로 별도로 기능훈련과 기술훈련으로 구분하여 실시할 수 있다.

가) 기능훈련은 직무수행을 필요한 기능에 대한 훈련이며,

나) 기술훈련 프로그램은

  ㉮ 강의실 교육훈련(classroom training)

  ㉯ 실습장 교육훈련(practical training)

  ㉰ 양성공 교육훈련(apprentice training)

  ㉱ 직무수행 중 교육훈련(on-the-job training) 등을 포함한다.

기능·기술교육훈련을 효과적으로 실시하기 위해 감독관리자에게 요구되는 2가지 지식과 3가지 기능으로는

가. 2가지 지식

㉮ 직무수행에 관한 지식

㉯ 직책에 관한 지식

나. 3가지 기능

㉮ 직무지도(job instruction)의 기능 : 작업지도능력 향상

㉯ 직무개선(job method)의 기능 : 작업개선능력 향상

㉰ 부하통솔(job rotation)의 기능 : 부하 통솔력 향상훈련 등을 들 수 있다.

이러한 2가지 지식과 3가지 기능을 갖춘 감독관리자가 수행 중인 직무와 바로 연결하여 적합한 교육훈련을 실시할 수 있기 때문에 매우 실질적이고 효과적인 교육훈련 방법이다.

(5) 현장서비스 교육훈련

이 현장서비스 교육훈련(field service education & training)은 감독관리자가 직무수행을 감독하면서 직무수행방법과 이에 필요한 기능과 기술을 훈련시키는 방법이다. 이 방법은 여러 교육훈련 방법들 중에서 실제로 가장 많이 사용되고 있다.

그러므로 사내교육훈련(on the job training)의 성공 여부는 훈련자의 자질·기술·태도 등에 달려 있으므로 평소 훈련자의 자질·기술·태도 등의 양성에 힘써야 한다.

2) 사외교육훈련(off the job training)

사외교육훈련은 아래 〈표 9-3〉과 같이 분류할 수 있다.

| 표 9-3 | 사외교육훈련의 종류

구분	내용
국내교육기관	직업훈련학교, 대학교, 대학원 과정
연구 및 연수기관	계층별 전문분야별 교육프로그램
외부 용역기관	특수전문분야 교육훈련 프로그램
산업 및 경제단체	최고경영자 또는 관리자 세미나 프로그램
해외연수	해외 유명대학의 최고경영자 교육프로그램

(1) 국내교육기관

교육기관(직업훈련학교, 대학교, 대학원 등)으로부터 전문기술, 특수과정 및 학위과정 등의 다양한 교육과정을 이수하도록 하는 교육훈련이다.

(2) 연구 및 연수기관

외부의 연구 및 연수기관에서 각종 훈련프로그램을 제공하고 있으며, 이들은 주로 계층별·전문분야별 교육을 중심으로 하고 있다.

예를 들면 능률협회, 생산성본부, 노동연구원, 인력개발원, 한국경영연구원 등에서 실시하는 교육 등을 들 수 있다.

(3) 외부 용역기관

외부 용역기관에 특수한 교육훈련 프로그램을 의뢰하여 내부 또는 외부에서 구성원들을 교육훈련시키는 경우이다.

예를 들면 호텔정보시스템(hotel information system)의 운용에 대한 교육훈련 등을 들 수 있다.

(4) 산업 및 경제단체

산업 및 경제단체들이 최고경영자와 관리자 교육훈련 및 세미나 프로그램을 제공하고 있다.

예를 들면 대한상공회의소, 한국무역협회, 전국경제인연합회, 중소기업진흥회 등에서 주관하는 교육을 들 수 있다.

(5) 해외연수

선진기술과 지식의 습득을 위해 전문 경영인과 전문직 관리자들에게 외국의 유명대학에서 실시하는 교육과정을 이수하도록 하는 교육훈련 프로그램이다.

예를 들면, 미국 하버드대학 경영대학원에서 여름방학 12주 동안 최고경영층을 대상으로 실시하는 AMP(advanced management program)과정과 외국 유명 대학에서 실시하는 연수프로그램 등을 들 수 있다.

이러한 강좌들이 개설되는 목적은 최고경영자와 전문직 관리자들의 기획력과 경영분석능력을 향상시켜 미래의 최고경영자 양성에 있다.

3. 교육훈련의 장단점 비교

사내 · 사외교육훈련의 장단점을 살펴보면 아래 〈표 9-4〉와 같다.

| 표 9-4 | **사내 및 사외교육훈련의 장단점**

구분	사내교육(OJT)	사외교육(OffJT)
장점	• 실제적이고 OffJT보다 실시 용이 • 훈련성과 측정 용이 • 상하 간의 인간관계 강화 • 저비용 • 직무수행과 함께 교육훈련 병행 • 능력수준에 따른 교육실시 가능	• 통일적인 교육 실시 • 전문지도자에 의한 교육 • 참가자 간의 경쟁의식고취 • 고효율
단점	• 감독관리자의 교육훈련능력 부족 • 직무와 훈련의 동시소홀 • 다수에 대한 동시 교육훈련의 어려움 • 전문적인 지식제공과 기술교육의 불가능	• 근무시간의 축소 • 별도의 교육훈련비용 지출

4. 교육훈련에 대한 책임과 역할

각 부문의 감독관리자들은 일상 업무를 통하여 일반직원의 능력개발을 위한 지도와 동시에 연간 교육계획에 따라 실시되는 각종 교육과정에 그들을 적극적으로 참여시켜 직무수행에 대한 능력과 자질을 향상시킬 책임이 있다.

또한 교육훈련부서는 감독관리자의 교육훈련이 효과적으로 수행될 수 있도록

① 조직의 교육전반에 대한 조사연구
② 기본방침의 결정 전달
③ 전체교육의 조정과 관리
④ 우수한 사내강사의 양성
⑤ 시설과 교재 제공 등을 고려하여 지원하여야 한다.

감독관리자는 직무수행에 대한 책임뿐만 아니라 일반직원의 능력개발에 대한 부수적인 책임도 지고 있다. 이와 같이 일반직원에 대한 능력개발은 감독관리자의 통상적인 직무수행 책임의 일부로서 지속적으로 실시되어야 한다.

● 제3절 **교육훈련 전개과정**

교육훈련은 전술한 바와 같이 교육훈련의 필요성과 문제점들을 파악하고 체계적으로 실시하고 있는 교육훈련의 전개과정을 확인함으로써 전체적인 교육훈련의 흐름을 알 수 있다.

이러한 교육훈련의 전개과정은 일과성으로 끝나지 않아야 하며 교육훈련 결과의 유효성을 평가하고 문제점을 수정·보완하여 지속적으로 피드백하여야 한다.

이러한 전개과정은 교육훈련의 필요성과 직무수행상의 문제점을 확인하는 과정에서 출발하여 아래 [그림 9-4]와 같이 여덟 단계의 과정을 거치게 된다.

| 그림 9-4 | **교육훈련 전개과정**

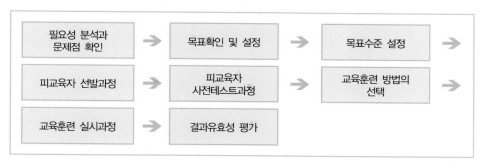

1. 필요성 분석과 문제점 확인

효율적이고 효과적으로 교육훈련을 실시하기 위해서는 교육훈련의 필요성 분석과 문제점 확인이 먼저 이루어져야 한다.

이러한 교육훈련의 문제점에 대해 비치(D. S. Beach)는 조직과 구성원 간의 문제점, 직무와 구성원 간의 분석요인, 부하와 관리자의 의견 수집, 미래의 문제점 예측 등으로 구분하여 연구하였다.

첫째, 조직과 구성원 간의 문제점

- 저생산성
- 고원가
- 미숙한 자원통제
- 저품질과 원료의 낭비
- 과도한 노사분쟁
- 고충
- 과도한 규칙위반
- 높은 이직률
- 지나친 결근
- 생산지연행위 등

둘째, 직무와 구성원 간의 분석요인

- 직무분석
- 인사고과
- 시험

셋째, 부하와 관리자의 의견 수집

교육훈련의 필요성과 관련된 문제점의 수집을 위한 면접과 설문조사

넷째, 미래의 문제점 예측

- 서비스조직의 확장
- 신제품과 새로운 서비스
- 새로운 디자인
- 새로운 시설
- 신기술
- 조직변화
- 인적자원관리 등

따라서 교육훈련의 필요성과 문제점이 파악되면 그중에서 일정한 기간 내에 실현 가능한 문제점 또는 긴급을 요하는 중요한 문제점을 구분·선정하여 교육훈련의 우선목표를 설정한다.

2. 목표확인 및 설정

교육훈련의 목표는 여건에 따라 다양하기 때문에 관리자들은 교육훈련의 목표를 먼저 확인하고 설정한다.

대표적인 교육훈련의 목표로는 고객에게 제공되는 서비스품질향상, 생산성의 향상 또는 비용절감 등을 들 수 있다.

따라서 교육훈련의 목표설정을 위해

첫째, 교육훈련 내용에 대한 피교육자의 반응
둘째, 필요지식 습득 여부에 대한 목표
셋째, 직무수행 중의 행동변화목표
넷째, 성과중심목표 등을 고려할 수 있다.

1) 피교육자의 반응

교육훈련으로 인한 목표달성 시에는 피교육자에게는 직접적인 혜택이 가고 조직에는 간접적인 혜택이 간다는 것을 주지시키고 이해시켜야 효과적이다.

2) 필요지식의 습득여부 목표

통상적으로 집체교육의 형태로 진행되기 때문에 피교육자의 필요지식 습득 여부에 대한 판단이 가능하도록 교육훈련목표를 설정하는 것이 효과적이다.

3) 직무수행의 행동변화목표

교육훈련을 받기 전과 교육훈련을 받은 후의 직무수행 행동변화에 확실한 차이가 생길 수 있는 교육프로그램 개발을 목표로 하는 것이다.

4) 성과중심의 목표설정

가장 보편적이며 개인 또는 집단의 측정 가능한 직무수행성과를 증대시키는 것을 교육프로그램의 목표로 하는 것이다.
따라서 교육훈련의 목표를 설정할 때는 달성하고자 하는 목표를 명백히 하고 측정 가능한 언어를 사용하여 서술하는 것이 중요하다.

예를 들면 첫째, 익스프레스 체크인 시스템(express check-in system)을 사용하여 투숙절차를 더 빨리 처리하게 하는 교육훈련,
둘째, 주방에서 쓰레기를 줄이는 훈련,

셋째, 단골고객(repeat guest)의 수를 늘리기 위한 교육훈련,

넷째, 직무만족을 증가시키는 하나의 측정수단으로서 퇴직자의 수를 줄이는 목표를 수립하면 그 목표는 측정이 가능하고 확인이 가능한 목표가 될 수 있을 것이다.

그러므로 이들은 성과중심의 목표를 가지고 이루어지는 교육훈련 프로그램이다.

일반적으로는 위의 네 가지 목표 설정 중의 하나를 교육훈련 프로그램의 목표로 설정하지만 실제로는 몇 가지 목표를 동시에 설정하는 경우도 많다.

3. 목표수준 설정

교육훈련의 목표수준 설정은 관리자들이 교육훈련의 효과성을 측정하기 위하여 척도를 마련하는 것이다. 이러한 척도들은 목표수준의 설계와 체계에 의해 설정되며 교육훈련의 성과를 측정할 수 있다.

그러나 교육훈련의 필요성이 올바르게 분석되고 목표가 설정되었다 하더라도 목표수준의 설계와 체계가 설정되지 않으면 그 교육훈련 프로그램은 성공할 수 없다.

이러한 목표수준 설계와 체계의 설정은 교육훈련과정을 통해서 얻어지는 지식이나 성과를 측정하는 척도를 제공해주는 역할도 한다.

예를 들면 식음료 서비스훈련의 경우 훈련의 목표수준을 테이블 세팅, 식음료 운반, 테이블에서 서빙하는 방법을 습득하는 것으로 설계하였다고 하자.

이러한 목표달성을 측정하기 위해서는 교육자는 피교육자에게 제한된 시간 내에 혼자 과업을 수행하도록 요청할 것이다. 이때 제한된 시간 3분 또는 30초 안에 자력으로 과업을 수행하도록 하는 것이 그 교육훈련의 목표수준이 되며, 이외에도 행동의 변화, 반응, 지식 습득의 정도를 측정하기 위하여 다른 목표수준을 설정할 수도 있다.

4. 피교육자 선발과정

교육훈련 프로그램의 성공 여부가 궁극적으로 피교육자에 의해서 이루어지기

때문에 동기부여된 피교육자를 선발하는 것이 성공 여부에 커다란 영향을 미칠 수 있기 때문이다.

이 과정에서 관리자가 유의해야 할 점은 피교육자에게 차별대우를 한다는 인상을 주지 않도록 공명정대하고 합리적으로 피교육자를 선발하여야 한다. 특히 승진, 급여인상, 기타 특혜의 수반이 기대되는 교육훈련 프로그램인 경우 더욱 신중을 기하여야 한다.

피교육자의 선발대상을 계층별로 구분하면,

① 신입 인적자원
② 일반직원계층
③ 감독관리층(일명 일선감독자)
④ 간부/중간관리층
⑤ 최고경영층으로 구분될 수도 있다.

그리고 직능별로 구분하면,

① 관리직
② 영업직
③ 전문직
④ 기능직 등으로 구분하여 그 대상을 명확하게 할 수도 있다.

그러므로 계층별·직능별로 교육훈련대상이 결정되면 그다음 단계로는 피교육자의 현재의 지식·기능·태도의 수준을 알아보는 것이 교육훈련의 효과성을 높이는 중요한 과정이 된다.

5. 피교육자 사전테스트 과정

피교육자의 지식·기술·태도 측면에서 교육훈련의 실시를 위한 기준선 설정은 사전테스트 과정으로 이루어지나, 대부분의 감독관리자들은 교육훈련이 실제로 실시되기 직전에 피교육자들의 지식·기술·능력 수준을 테스트하는 과정을 놓치기 쉽다.

이러한 사전테스트 과정을 생략하면 교육훈련을 시작하기 전에 기준선을 설정할 수 없기 때문에 교육훈련 전의 직무수행과 교육훈련 후의 직무수행을 비교할 수가 없어 교육훈련 프로그램의 성공 여부를 평가할 수 없다.

6. 교육훈련 방법의 선택

교육훈련의 성과를 크게 좌우하는 중요한 요인은 교육훈련을 실시함에 있어서 적용되는 방법에 있다. 이러한 이유는 교육훈련계획의 내용이 아무리 훌륭하다고 하더라도 적절한 훈련방법을 도입할 수 없다면 이는 전혀 소용없는 것이다.

그러므로 교육훈련 부문의 전문가들에게 요청되는 가장 중요한 과업 중의 하나는 계층별·직능별로 적절한 훈련방법을 선택하는 것이라고 할 수 있다.

우리나라에 현재까지 소개되어 있는 기본적인 교육훈련 방법으로는 강의식, 토론, 관찰, 사내훈련, 사례연구, 역할연기, 감수성 훈련, 모의연습 등을 들 수 있다.

교육훈련 방법을 분류하여 알아보면 아래 [그림 9-5]와 같다.

| 그림 9-5 | **교육훈련 방법**

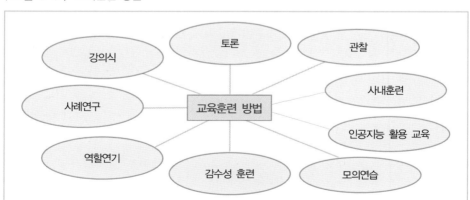

1) 강의식(lecture)

이 방법은 피교육자들을 한 장소에 모아놓고 강사가 일방적으로 정보와 지식을 전달하는 교육훈련 방법으로서 우리나라에서 가장 많이 이용되고 있는 방법이다.

2) 토론(discussion)

이 방법은 피교육자에게 주제를 주어 각자의 의견발표를 통해 그들 스스로가 문제를 해결하도록 하는 교육훈련 방법이며 또한 피교육자 상호 간에 정보를 교환하는 데 가장 좋은 방법이다.

그러나 토론능력을 배양하는 데 시간이 오래 걸린다는 단점이 있다.

3) 관찰(observation)

이 방법은 피교육자가 담당직무와 관련이 있는 현장에서 일어나는 상황을 직접 관찰함으로써 시야와 이해력을 넓히기 위한 교육훈련 방법이다.

4) 사내훈련(field education & training)

이 방법은 피교육자가 현재 근무하는 현장에서 직무를 수행하면서 감독관리자로부터 지도를 받는 교육훈련 방법으로서 이를 현장실습 또는 현장훈련이라고도 한다. 이는 영업직 구성원의 교육훈련에 가장 유용한 방법이다.

5) 사례연구(case study)

이 방법은 과거의 사례를 가지고 집단적 토의를 통해 문제를 해결해 나가는 교육훈련 방법이다.

이는 피교육자의 문제해결능력을 키워주고 많은 지식을 습득하게 하는 장점은 있으나 토의에 많은 시간이 소요되는 단점도 있다.

6) 역할연기(role playing)

이 방법은 사례들을 실제로 재현해봄으로써 문제에 대한 이해력을 높이고 능력을 향상시키는 교육훈련 방법이다.

참가자들이 직접 역할을 담당하고 다른 참가자들이 이를 보고 비판하거나 토론을 하나 마지막 결론은 사회자가 내리는 방법이다.

7) 감수성 훈련(sensitivity training)

이 방법은 피교육자들로 하여금 자유로이 토론을 하게 하여 피교육자의 인격 재구성을 통해서 관리능력개발을 모색하는 교육훈련 방법이다.(335쪽 참조)

외부와 차단된 장소에서 10명 내외의 소집단으로 구성하여 실시하는 방법으로서 이를 일명 T-집단훈련 또는 실험실 훈련이라고도 한다.

8) 모의연습(simulation)

이 방법은 피교육자가 직무수행 중 직면하게 될 어떤 상황을 가상적으로 만들어 놓고 대처할 수 있는 능력을 배양하는 교육훈련 방법이다.

이는 주로 관리자훈련에 많이 사용되고 있다

9) 인공지능을 활용한 교육

이 방법은 인공지능으로 기업의 직무모델링 정보와 개인 학습패턴 데이터를 분석하여 개개인에게 적합한 교육과정을 찾아내고 추천한다. 개인별·직무별로 필요한 교육과 커리어를 추천 및 피드백함으로써 직무만족도 향상 및 외부 직무 교육 증가의 개선효과를 나타내었다.

그중 한 예로, 한전KDN의 e-HRD 3.0 시스템은 해당 기업의 내부 교육뿐 아니라 외부 교육 콘텐츠를 함께 학습할 수 있도록 함으로써 교육의 다양성을 갖추었다. 기존 교육시스템에 인공지능 기술을 접목해서 학습자가 다채로운 경험을 하였기에, 2020년에 인공지능 교육시스템 '인적자원개발 교육솔루션 대상'을 수상하기도 했다.

| 그림 9-6 | 한전KND e-HRD 3.0 메인화면

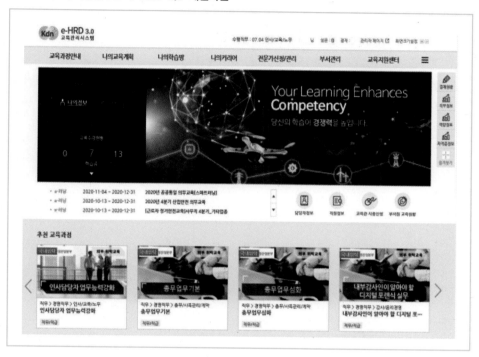

참고로 미국기업에서 많이 이용하고 있는 교육훈련 방법의 활용현황을 살펴보면 아래 〈표 9-5〉와 같다.

| 표 9-5 | 미국기업의 교육훈련 방법 활용현황(복수응답결과)

교육훈련 방법	활용도(%)	교육훈련 방법	활용도(%)
강의식	94	멀티미디어 중심	36
비디오 중심	74	게임	28
시청각 중심	56	인트라넷 중심	21
역할연기	52	극기훈련	11
사례연구	38	인터넷 중심	10

자료 : Training(October 1997), p. 56

7. 교육훈련 실시과정

하나의 교육훈련 프로그램이 목표를 달성하기 위해서는 실제 교육훈련 실시과정 또한 훈련방법, 피교육자, 교육자를 선정하는 과정만큼 중요하다.

교육훈련계획을 아무리 철저히 수립하였다 하더라도 계획한 내용대로 교육을 실시하지 못하고 결국 가장 손쉬운 교육훈련 방법으로 끝내버리는 경우가 많다. 이와 같이 계획한 내용대로 교육훈련을 실시하지 못하면 교육목표의 달성이 어려워지게 된다.

교육훈련을 실시하는 단계에서는 누가 교육훈련을 담당할 것인가를 결정하는 것도 중요한 문제이다. 이는 교육훈련 담당자에 따라 교육훈련성과의 차이가 많이 나기 때문이다.

교육훈련성과를 높일 수 있는 교육훈련 담당자로는 경영자, 중간관리자, 감독관리자, 교육훈련 전담자 또는 내부나 외부의 교육훈련 전문가 등이 있으며, 훈련내용, 훈련방법, 훈련대상자에 따라 가장 효과적인 교육을 실시할 수 있는 사람으로 결정되어야 한다.

교육훈련 담당자들이 갖추어야 할 요건을 알아보면,

① 직무에 대한 기술적 지식
② 피교육자의 능력과 기술수준 분석능력
③ 학습내용의 원리에 대한 지식
④ 효과적인 의사소통 능력
⑤ 동기유발을 할 수 있는 능력
⑥ 인내심
⑦ 의욕
⑧ 이해심 등을 들 수 있다.

8. 교육훈련 결과에 대한 유효성 평가

교육훈련 전개과정에서 가장 중요한 마지막 단계로는 교육훈련을 실시한 후에

성과를 평가하는 과정이다. 간혹 이 평가과정을 소홀히 함으로써 많은 교육비용 지출에도 불구하고 교육훈련 프로그램이 피교육자들이나 조직에 얼마만큼 도움이 되었는지를 모를 수 있다.

1) 유효성 평가의 실패 이유

대부분의 감독관리자들이 이 평가과정에서 실패하는 몇 가지 이유를 알아보면,

① 몇몇 피교육자의 변화를 목격하고서 교육의 효과가 있다고 짐작하는 경우
② 교육 후의 변화를 관찰하지 않고 모든 교육훈련은 효과가 있기 마련이라고 쉽게 생각해버리는 경우
③ 평가프로그램이 가치가 없는 것이라고 판단하여 평가과정을 무시하는 경우 등을 들 수 있다.

이 외에도 감독관리자들이 평가하는 요령을 몰라서 못하는 경우가 더 많은 것으로 보인다.

그러므로 이러한 유효성 평가의 실패를 줄이기 위해서는 감독관리자들이 아래의 측정방법과 평가방법을 적절히 이용하여 교육훈련 결과의 유효성을 평가할 수 있는 기술이 필요하다.

2) 교육훈련 효과 측정방법

어떤 교육훈련 프로그램을 실시한 후에 피교육자에게 지식·기능·태도·행위 등의 변화에 대한 효과를 지표로 삼기 위해 측정하는 방법으로는,

① 피교육자의 의견조사
② 피교육자가 획득한 지식 또는 행위의 측정
③ 직무수행결과의 측정 등을 들 수 있다.

직무수행결과의 측정을 위한 평가기초로는

① 수량적으로 표시한 측정결과와

② 주관적인 관찰기술이 있다.

3) 교육훈련 평가방법

교육훈련 평가방법(evaluation method of education & training)에는 전후비교법, 표준비교법, 테스트법, 평균비교법, 목표관리법 등이 있다.

| 그림 9-7 | **교육훈련 평가방법**

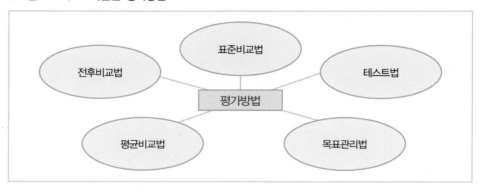

(1) 전후비교법(pre-test and post-test method)

동일한 평가기준을 써서 교육훈련의 전과 후에 나타난 변화를 비교함으로써 교육훈련의 효과를 평가하는 방법을 말한다.

예를 들면 판매를 촉진하기 위한 교육훈련을 실시한 경우, 그 전후의 판매실적을 비교함으로써 교육훈련의 효과를 평가할 수 있다.

이 방법은 동일한 피교육자를 대상으로 하는 평가방법이다.

(2) 표준비교법(matched control method)

동질의 2개 집단을 선정하여 한 집단은 교육훈련을 시키지 않고, 다른 한 집단은 교육훈련을 시킨 다음 양 집단 간의 차이를 알아보는 평가방법이다.

따라서 양 집단 간 차이의 변화 발생이 교육훈련 때문인지 아니면 다른 요인 때문인지를 확인하는 데 도움을 주는 평가방법이다.

(3) 테스트법(test-method)

특정한 기술이나 지식의 습득을 목적으로 하는 교육훈련의 평가방법으로 교육 훈련 후 그것에 대한 검정시험을 실시함으로써 성과를 측정하여 소기의 교육훈 련목적 달성 여부를 평가하는 방법이다.

(4) 평균비교법(average scores method)

동일한 훈련을 여러 차례 되풀이하는 경우 지금까지 훈련받은 집단들에 나타 난 훈련효과의 평균치와 어떤 특정 집단의 훈련효과를 비교함으로써 각 집단의 질적 차이가 훈련효과에 미치는 영향을 파악하고자 하는 평가방법이다.

(5) 목표관리법(management by objectives: MBO)

감독관리자가 부하구성원과 합의하여 생산목표를 설정하고 이를 근거로 하여 생산목표에 대한 실적을 평가하는 방법을 말한다.

이는 완수해야 할 목표를 계획기간과 함께 구체적인 숫자로 명시하고 이 목표 를 근거로 하여 실적을 평가한다.

따라서 감독관리자는 정기적으로 부하구성원의 실적을 평가하여 그 결과를 피 드백(feedback)해 준다.

가. 목표관리법의 특성

가) 목표의 구체화

'비용을 절감하자' 혹은 '서비스나 품질을 개선하자'는 식으로 단순하게 표현된 목표는 부적절하다. 이 방법은 목표가 측정될 수 있게 구체적이어야 한다.

예를 들면 일반적 관리에서 10퍼센트 절약 혹은 반품률 5퍼센트 미만을 목표로 한다는 식으로 표현이 정확해야 한다.

나) 목표설정방법

목표를 설정하기 위한 세 가지 방법으로는

㉮ 상위부서의 관리자가 결정하여 하달하는 방법
㉯ 하위부서에서 스스로 작성하여 올리는 방법
㉰ 이 둘을 절충하는 방법이 있다.

전통적으로 목표설정은 상의하달식으로 결정되었으며, 예를 들면 마케팅 담당 이사가 각 지역별 판매담당자들에게 다음 해의 매출목표를 정해 준다든가, 사장이 공장장에게 다음 해 달성해야 할 생산원가의 목표를 지정해주는 경우이다. 그러나 이러한 방법은 하위부서들의 의견이 반영되지 않으므로 현실과 동떨어진 목표가 되거나 아니면 하위부서들의 자발적인 협조를 얻기가 어렵다.

이와는 대조적으로 목표를 하위부서들이 먼저 결정하여 위로 올리는 경우는 달성하기가 쉬울지 몰라도 부서 간의 목표를 조정하는 것이 어려울 수 있다.

왜냐하면 하위부서들은 조직 전반적인 관점에서가 아니라 자신들 부서의 입장에서 생각하기 쉽기 때문이다.

그러나 절충식 목표설정방법은 위의 두 가지 방법의 단점을 시정할 수 있다. 그 이유는 목표가 위로부터 결정되어 내려오는 것도 아니고 그렇다고 밑으로부터 올라가는 것도 아니며 상호 협의하에 결정될 수 있기 때문에 최고경영자가 정한 조직의 목표와 하위부서의 목표들을 체계적으로 절충하여 목표가 조정될 수 있기 때문이다.

다) 계획기간의 명시

목표관리법은 계획이 구체적일 뿐만 아니라 기간도 명시되어 있다.

일반적으로 분기, 반기 혹은 일 년으로 정하여 직무수행의 진전에 따라 정기적으로 통제·관리할 수 있는 근거를 마련한다.

라) 실적에 의한 피드백

목표관리법은 목표를 구체적으로 명시함으로써 관리자에게 하위부서의 직무진행상황에 대한 정보와 함께 평가도 쉽게 제공해줄 수 있다.

또한 하위부서의 의사결정에 자신들이 직접 참여하고 상사로부터 피드백, 즉 잘 하고 있다든지 더 노력이 필요하다는 식의 지적을 받게 되므로 스스로의 활동을 통제할 수 있고 그 목표를 성취하려는 욕구가 더 강해진다.

이와 같이 목표관리법을 사용함으로써 하위부서들의 목표달성 동기를 높일 수 있다.

또한 교육훈련평가의 신뢰성과 공정성을 높이기 위해서는 가능한 여러 가지 방법들을 병행하여 실시하는 것이 바람직하다.

결론적으로 교육훈련은 이러한 여덟 단계의 전개과정을 통하여 지속적으로 실시되어야 교육훈련의 궁극적인 목적인 행동변화를 통하여 조직목표 달성에 기여하고 개인욕구를 충족시킬 수 있다.

그러나 단편적이고 임기응변식의 교육훈련은 그 행동변화의 효과가 지속되기 어렵다는 것을 인식하여야 한다.

작가 코미츠다 마사루의 '친절을 디자인하다'의 내용 중에서
도쿄 디즈니랜드의 운영원칙인 'SCSE'는

첫째, *Safety* : 안전우선원칙

둘째, *Courtesy* : 항상 예의바르고 정중한 고객서비스 제공

셋째, *Show* : 모든 업무가 쇼라는 개념으로 운영

　　　　　　 종업원을 쇼의 캐스트(배역을 맡은 사람)라고 부름

넷째, *Efficiency* : '효율성은 나중에 생각한다'이다.

위의 4가지 운영원칙의 순서대로 30년간 운영하는 동안 재방문 고객률 90%와
사고율 0%의 기록을 달성하게 되었다고 한다.

Hotel Course Progression Chart 계층별 교육훈련 프로그램

총지배인 단계				총체적인 경영 프로그램		
개인능력개발 단계		경영중심의 틀	고급 세일즈 훈련		재무	발표기술
개발센터		경영 능력평가 프로그램				
부서장관리층 단계	신임관리자수업	경영훈련개발	기술훈련자격증	서비스리더십	면접기술	평가기술
중간관리층 단계	기술훈련개발	그룹 훈련자 양성	훈련평가기술	시간관리	정보공학	세일즈/마케팅훈련
감독관리층 단계	기술훈련자격증	서비스리더십	고객서비스교육 강화			
신입/일반직원 단계	오리엔테이션	고객서비스교육	컨티넨츠클럽	교환훈련	건강안전관리	문화교육

제10장

경력개발관리

제10장 경력개발관리

제1절 경력개발관리의 전반적 이해

1. 경력개발관리의 정의

끊임없이 변화하는 내·외부 환경조건에 적응하고 대처하기 위하여 구성원 개개인의 경력개발은 매우 중요하다.

이러한 경력개발의 중요성을 고려하여 경력과 관련된 용어들의 정의를 살펴보면 다음 〈표 10-1〉과 같다.

| 표 10-1 | **경력관련 용어의 정의**

구분	내용
경력 (career)	한 개인이 자기의 일생 동안 직업 또는 작업을 통하여 경험하게 되는 모든 직무의 집합
경력목표 (career goal)	개인이 목표로 하는 미래의 직위
경력계획 (career plan)	경력목표에 도달하기 위한 경력경로를 계획·수립하는 과정

구분	내용
경력경로 (career path)	• 한 개인의 경력을 형성하는 연속적인 직무의 패턴 • 경력경로는 유전·문화·부모·학교·연령·가족·조직에서의 실제경험 등의 모든 요인들이 복합적으로 작용 • 조직적 관점에서는 경력경로로 인사이동의 배치전환과 승진을 활용 • 배치전환은 수평적으로 이동되어야 할 경로 • 승진은 수직적으로 이동되어야 할 경로
경력개발 (career development)	• 조직의 생산성을 향상시키기 위해 구성원의 직무에 대한 태도를 증진시키고 직무만족도를 제고하는 중요한 도구(왈톤(Walton)) • 구성원의 조직 내 활용도를 향상시키기 위한 계획적·조직적 경력개발
경력개발관리 (career development managemnt)	• 구성원의 경력을 조직 내에서 개발하도록 격려하고 그 개발과정에서 조직의 목표달성에 필요한 능력개발을 지원해주고 관리해주는 활동 • 인공지능은 구성원을 지속적으로 관찰하고 피드백하며, 구성원 개인의 역량을 높이는 도구로 활용

2. 경력개발의 목적

경력개발의 목적은 개인에게는 경력개발욕구 즉 자아실현의 욕구를 충족시켜 주고, 조직은 경력개발된 개인의 능력을 적재적소에 활용함으로써 조직의 목표달성과 유효성을 높이는 데 있으며 또한 개인의 목표와 조직의 목표를 조화시켜 시너지효과를 창출하고자 하는 데 있다.

경력개발의 목적은 아래 [그림 10-1]과 같이 개인관점과 조직관점으로 구분할 수 있다.

| 그림 10-1 | **경력개발의 목적**

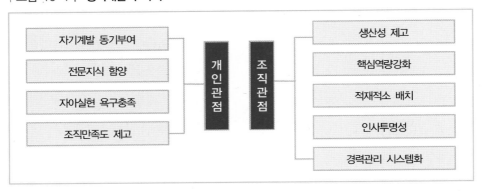

3. 경력개발의 중요성

① 직무경험을 개인의 목표와 관련지어 계획하고 달성하기 위한 개발과정
② 조직의 목표와 개인의 욕구와의 조화로 시너지효과 창출
③ 직무수행을 위한 전문능력 향상
④ 개성존중과 자아실현의 욕구 충족
⑤ 경력개발관리의 중요성에 대한 인식확대 등

4. 경력개발의 필요성

개인적 관점과 조직적 관점으로 구분하여 필요성을 알아보면,

1) 개인적 관점

경력개발은 개인의 목표에 의해 결정되며 이러한 결정에 영향을 미치는 변수로는 개인의 성장환경, 능력, 가치관, 일에 대한 태도, 성격 등을 들 수 있다.
개인적 관점에서의 경력개발의 목표는 자기계발을 통해 직무로부터 심리적 만족을 얻는 데 있다.

2) 조직적 관점

경력개발의 필요성에 대하여 경영자가 큰 관심을 가지게 된 것은 내·외부환경의 변화와 기술진보의 속도가 가속화되면서부터이다.

이로 인하여 조직의 미래에 대한 위험과 불확실성에의 대응력을 높이기 위해 구성원 자신의 욕구 충족에 대한 근본적인 대책을 보다 장기적인 안목에서 마련해야 할 필요성이 점차 커지고 있기 때문이다.

5. 경력개발의 원칙과 기대효과

| 그림 10-2 | **경력개발의 원칙**

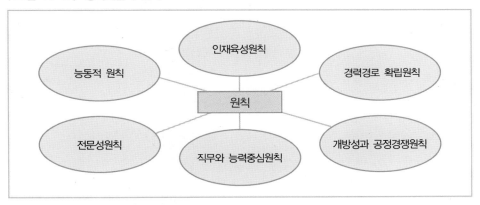

1) 원칙

① 자기주도 즉 능동적 원칙(상향식)

② 유능한 인재육성원칙

③ 경력(승진)경로 확립원칙

④ 전문성원칙(공통영역과 전문영역으로 구성)

⑤ 직무와 능력중심원칙

⑥ 개방성과 공정경쟁원칙 등을 들 수 있다.

2) 기대효과

기대효과를 개인적 관점과 조직적 관점으로 구분하여 알아보면,

(1) 개인적 관점

① 미래에 대한 비전 확보
② 성장과 성취욕구 충족
③ 경력과 직무수행능력개발로 부수적으로 승진고려
④ 전문능력개발로 경쟁력 확보
⑤ 인사정체현상의 예측과 조치
⑥ 고용의 안정감 확보
⑦ 삶의 질 향상 등을 들 수 있으며,

(2) 조직적 관점

① 소속감 증대효과
② 조직목표에 대한 이해
③ 배치전환에 대한 유연성 확보
④ 나태한 감정의 방지
⑤ 장기적 인적자원 활용계획수립 등을 들 수 있다.

제2절 **경력개발계획(Career Development Plan)**

1. 경력개발계획의 정의

적성에 적합한 직무경험을 습득하게 하여 개인의 성장에 대한 비전을 충족시키는 기회를 제공하고, 동시에 적정한 인력배치와 효과적인 교육훈련의 실시로 조직의 역량을 제고하기 위해 수립하는 개발계획이다.

2. 경력개발계획과정

경력개발계획과정의 흐름은 아래 [그림 10-3]과 같다.

| 그림 10-3 | **경력개발계획과정**

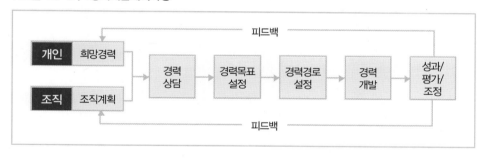

1) 개인희망경력단계

자료수집 및 정리단계로서 자료로는 인사기록자료(학력, 경험, 기술 등), 적성과 능력자료, 인사고과자료 등을 들 수 있다.

2) 조직계획단계

승진경로 결정단계로서 직무분석으로 얻은 직무기술서상의 직무내용과 직무명세서상의 자격요건들을 고려하여 승진경로를 결정한다.

3) 경력상담단계

감독관리자는 부하구성원과의 상담을 통하여 경력기회와 자격요건을 알려주는 단계이다.

상담내용은 주로 새로운 직무와 경력기회에 관한 사항들이며 이 단계에서는 감독관리자의 상담기술이 요구되는 단계이다.

4) 경력목표 설정단계

감독관리자 또는 전문경력 상담자와의 경력목표상담으로 부하구성원의 경력목표를 설정하는 단계이다.

5) 경력경로 설정단계

경력목표를 달성하기 위해 거쳐야 할 직무와 교육훈련 프로그램 등을 포함한 경력경로를 설정하고 또한 실무를 경험할 수 있도록 특별실무과정도 포함시켜 교육훈련계획을 작성한다.

(1) 경력경로 설정방법

㉮ 전통적 경력경로 : 수직선상의 상위직무수행
㉯ 네트워크 경력경로 : 동일직급의 여러 직무들을 수행하는 순환보직시스템
㉰ 이중 경력경로 : 관리직/기술직의 이분법적 경력경로시스템

(2) 경력경로 설정과정

워커(J. W. Walker)가 설계한 경력경로 설정과정의 흐름은 다음 [그림 10-4]와 같다.

| 그림 10-4 | **경력경로 설정과정**

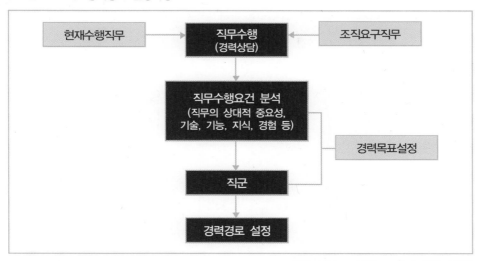

자료 : Walker, 1976, p. 2-7, 저자 재구성

6) 경력개발단계

현재 가지고 있는 능력과 미래의 직무를 수행하기 위해 필요한 직무수행 평가요소들을 비교·평가함으로써 능력개발의 필요성을 분석하는 단계이다.

직무수행 평가요소로는 기획력·조직력·의사결정력·문제분석력·수행력·관리력·인간관계 등을 들 수 있다.

7) 성과분석과 조정단계

주기적으로 경력개발계획의 목표와 성과를 비교분석한 후 경력개발성과에 대한 분석결과를 가지고 관리자와의 상담과정을 거쳐 경력개발과정을 재조정 또는 수정한 후에 피드백하는 단계이다.

3. 경력개발제도의 이론적 모형

경력개발제도의 이론적 모형은 경력개발의 주체인 개인 또는 조직 중에서 어느 쪽에 더 중심을 두고 경력개발이 이루어지는가에 따라 개인차원의 상향적 경력개발 모형과 조직차원의 하향적 경력개발 모형으로 나누어 볼 수 있다.

| 그림 10-5 | **경력개발 모형**

1) 개인차원의 경력개발 모형(상향적)

이러한 개발 모형은 개인의 라이프 사이클(life cycle)에 따라 경력목표를 설정하고, 경력목표달성을 위한 경력개발계획을 개인이 직접 수립하는 형태이다.

개인차원의 대표적인 모형으로는 홀과 뉴게임(Hall & Nougaim)의 경력단계 모형, 샤인(Schein)의 경력 닻 모형과 경력성공순환 모형을 들 수 있다.

(1) 홀과 뉴게임(Hall & Nougaim)의 경력단계 모형

개인들이 추구하는 경력에 대한 욕구는 연령, 환경, 성과에 의해 다르게 나타난다.

그래서 홀과 뉴게임(Hall & Nougaim)은 연령, 성과, 경력욕구 등의 요인들을 고려하여 다음 [그림 10-6]과 같이 연령을 네 단계로 구분하여 설명하고 있다.

| 그림 10-6 | **경력단계 모형**

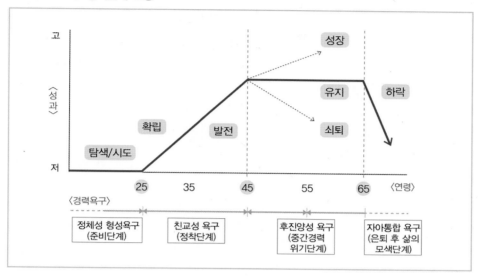

자료 : Hall & Nougaim, 1976, p. 57, 저자 재구성

가. 1단계: 탐색단계(exploration stage)

25세 이하는 정체성 형성욕구의 단계로서 자아개념을 형성하고 미래의 직업을 선택하기 위한 준비단계이다.

이 단계에서 25세 전후는 탐색 후의 시도 시기로서 조직에 들어온 지 1~2년 정도의 시기이며 또한 고민이 많고 이직률이 높은 시기이다.

나. 2단계: 확립 및 발전단계(establishment & advancement stage)

26세부터 45세 이하는 조직의 구성원으로서 정착단계(친교성 욕구)이다.

이 단계는 특정 직무에 정착하고 조직에 몰입하며 45세까지 경력확립과 함께 개인성과와 조직성과를 창출하며 발전하는 시기이다.

다. 3단계: 유지단계(maintenance stage)

46세부터 65세 이하 중간경력위기단계(후진양성 욕구)의 단계이다.

이 단계는 이미 얻은 지위를 고수하고 유지하며 후진양성을 하고자 하는 시기이다. 또한 경력 재조정을 고려하고 심리적 충격도 받게 되는 이 시기를 중간경력위기시기라고도 한다.

이러한 경력위기의 극복 여부에 따라 성장, 유지, 쇠퇴 또는 침체의 길을 걷게 되는 시기이다.

라. 4단계: 쇠퇴단계(decline stage)

이 단계는 66세 이상 자아통합(ego integrity) 욕구의 단계이다.

이 단계는 퇴직과 함께 은퇴 후의 삶을 모색하는 시기이며 조직 내에서는 매우 소극적 역할만을 하게 된다.

(2) 샤인(Schein)의 경력 닻(career anchor) 모형

조직 내·외의 경력개발전문가의 도움을 받아서 성장과 경력개발계획을 수립하고자 하는 모형으로서 개인이 경력을 개발하고자 하는 데는 5가지 동기가 있다.

5가지 동기로는

① 닻 I : 관리적 능력 또는 관리수단
② 닻 II : 기술적 또는 기능적 능력
③ 닻 III : 안전 또는 안정적 능력
④ 닻 IV : 창조 또는 독창적 능력
⑤ 닻 V : 자율적 또는 독립적 능력 등이 있다.

이러한 동기들에 따라서 개인의 경력목표 설정유형이 다르게 나타난다.

따라서 경력개발계획을 수립하기 위해서는 각 개인이 어떤 경력의 닻을 가졌는가를 확인하고 각 개인의 능력에 적합한 경력개발을 계획해야 한다는 것을 강조하였다.

(3) 경력성공순환 모형

경력개발계획을 수립한 후, 경력개발계획 이행으로부터 성공을 경험한 경우에는 지속적으로 직무의 성과에 대한 관심과 열정을 가지고 적극적으로 노력함으로써 성공순환 모형의 피드백을 추구하게 된다.

| 그림 10-7 | **경력성공순환 모형의 과정**

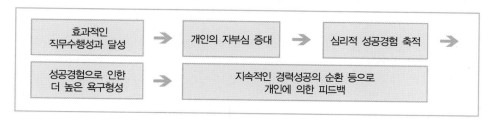

2) 조직차원의 경력개발 모형(하향적)

(1) 조직차원의 경력개발과정

이 과정은 조직이 개인으로 하여금 능력을 발휘할 수 있도록 경력개발계획을 수립하고 가장 적합한 자격요건을 가진 개인에게 직위를 부여하고 교육훈련과 경력개발기회를 제공함으로써 개인의 직무와 경력경로를 연결시키는 하향적 경력개발활동이다.

즉 이러한 조직차원의 경력개발과정은 아래의 [그림 10-8]과 같다.

| 그림 10-8 | **조직차원의 경력개발과정**

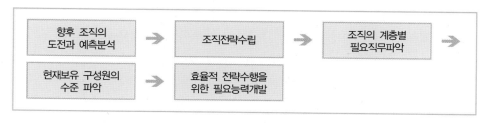

(2) 조직차원의 경력개발 모형

개인의 욕구와 조직의 욕구를 충족시킬 수 있는 기회를 제공함으로써 이들의 욕구를 통합하고 조정하는 조직차원의 경력개발 모형의 대표적인 이론들은 다음과 같다.

가. 리치(Leach)의 시소(seesaw) 모형

이 모형은 개인과 조직이 상호정보의 교환을 통하여 경력을 개발해나간다는 이론이다.

이는 구성원의 경력개발활동을 향상시키기 위해 의도된 프로그램이며, 경력개발을 계획·조직·통제하도록 설계된 하나의 시스템으로서 시소(seesaw) 모형을 이용하여 개인과 조직의 욕구의 균형을 유지하고자 하는 데 있다.

나. 알핀-저스터(Alpin-Gerster)의 모형

이 모형은 개인차원과 조직차원의 욕구를 통합시키는 모형으로서 이는 개인의 경력개발욕구의 충족과 함께 적시적소에 적합한 인재를 배치하여 조직목표를 달성하고자 하는 데 있다.

이 모형은 네 가지 단계 즉

㉮ 투입
㉯ 평가
㉰ 준비 및 개발
㉱ 통합단계로 구분되어 진행된다.

다. 뷰랙(Burack)의 모형

이 모형은 개인과 조직의 경력개발계획을 구분하며 특히 조직 측면의 경력개발계획은 조직의 전략적 인적자원계획과의 통합에 의해 결정되어야 한다는 것을 강조한다.

또한 개인의 잠재능력을 중시하고 그 평가를 위해 평가센터기법을 도입하며 이 기법의 절차는 프로그램 시행 전에 각 개인의 능력을 측정하고 순위를 매긴 후, 프로그램이 실행된 후에 각 개인의 직무차원에서 성과향상이 있었는지를 다시 측정한다. 이 절차에 의해 성과를 평가하는 평가자들은 각 단계에서 개인들의 활동결과를 종합하고 주관성을 배제하여 각 개인에게 최종 순위를 부여하는 기법이다.

3) 개인차원과 조직차원의 통합

개인은 조직 내에서 자기계발과 관련된 장기적 경력목표를 수립하기를 원하며, 조직은 개인의 경력개발을 통하여 조직의 유효성을 증대시키고자 한다.

따라서 개인과 조직의 목표가 일치하는 상황은 양자의 목표가 일치되는 상황을 말하며 이들의 통합방법으로는 조직차원의 경력개발계획과 전략적 인적자원계획에 의한 통합이 있다.

◯ 제3절 경력관리

1. 생애(lifetime)경력관리

생애경력관리(career management)는 초기, 중기, 후기의 세 단계로 구분하여 구성원의 경력을 효과적으로 관리하고자 하는 데 있다.

1) 초기경력관리

신입 인적자원을 대상으로 직무훈련, 공정보상, 조직의 가치와 규범에 대한 의사소통강화 등을 통하여 조직에서의 적응과 성과를 창출하는 사회화 과정이며, 또한 직무수행과 학습의 능력을 현장에서 직접 습득하게 함으로써 직무수행능력을 향상시키는 과정이다.

이러한 초기경력관리 내용으로는

① 현실적 직무소개
② 체계적인 오리엔테이션
③ 상사의 지속적 피드백
④ 도전적인 직무할당
⑤ 다양한 경력관리제도의 설정 및 운영 등을 들 수 있다.

2) 중기경력관리

이 단계에서는 여러 가지 문제점들에 직면하게 된다.
문제점으로는

① 승진의 한계성
② 능력의 진부화
③ 진로의 변경
④ 동료 및 후배에 대한 경쟁의식과 적대적 태도 등을 들 수 있다.

따라서 효과적인 중기경력관리를 위해서는 개인차원의 자기평가와 목표재정립 등이 이루어져야 하며, 조직차원으로는 경력이동경로를 변경하여 재설정해주어야 한다.

3) 후기경력관리

연령이 높은 구성원의 효율적 관리와 퇴직준비 구성원을 대상으로 퇴직 후 발생할 수 있는 문제의 관리와 해결능력을 습득하게 하는 단계이다.

이 단계에서의 경력관리 프로그램으로는 브리지 임플로이먼트(bridge employment)와 아웃 플레이스먼트(outplacement)가 있다.

(1) 브리지 임플로이먼트

퇴직 후 다른 직업을 얻을 수 있도록 다리의 역할을 해주는 프로그램이다.

(2) 아웃 플레이스먼트

퇴직 후 전직희망자에게 새로운 직장을 소개시켜주는 프로그램이다.

2. 경력관리 지원제도

경력관리를 위한 지원프로그램으로는 사내공모제도(job posting & bidding system), 멘토제도(mentor system), 경력상담제도(career counselling system), 직무순환제도(job rotation system), 후임자 양성제도(succession system), 파견제도(dispatchingsystem), 코칭제도(coaching system) 등을 들 수 있다.

| 그림 10-9 | **경력관리 지원제도**

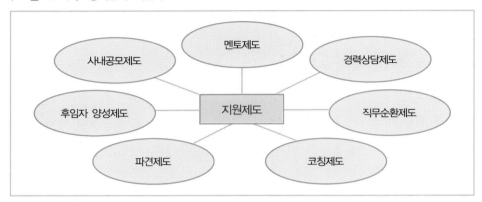

1) 사내공모제도

조직 내 공석에 대한 자격요건을 내부적으로 공고하여 내부공모지원자들이 경쟁적으로 지원하도록 하여 공석에 가장 적합한 지원자를 선발하는 제도이며,

(1) 장단점

장점으로는

첫째, 유능한 인재의 적재적소 배치가 가능하며,
둘째, 구성원에게 능력발휘 기회를 제공하며,
셋째, 잠재능력발휘 기회제공도 가능하며,
넷째, 도전적 조직문화와 조직활성화에 기여하는 데 있다.

단점으로는

첫째, 외부영입의 차단으로 조직정체의 가능성
둘째, 전문가와 인재 부족
셋째, 파벌조성 가능성
넷째, 인간관계 훼손가능성
다섯째, 미선발로 인한 심리적 위축 등을 들 수 있다.

(2) 사내공모제도의 성공요건

첫째, 내부공모지원자들의 적극적인 관심 유도
둘째, 지속적으로 새로운 사업의 확장기회
셋째, 일관된 제도원칙 준수
넷째, 적극적인 사내공모제도의 홍보 등을 들 수 있다.

2) 멘토제도

멘토제도는 조직생활에서 경험이 풍부하고 유능한 관리자(mentor)가 신입 인적자원(mentee)들이 새로운 조직에 신속히 적응할 수 있도록 도와주는 관계를 말한다.
그래서 이러한 멘토제도를 신입 인적자원의 조직사회에 대한 적응력을 향상시키는 방안으로 활용하고 있다.
이 제도의 성공적 운영을 위해서는

첫째, 제도에 대한 사전적 준비가 필요하며,
둘째, 멘토와 멘티 상호 간의 이해가 필요하며,
셋째, 멘토선정과 정기적인 멘토링 효과의 분석이 필요하며,
넷째, 성과에 대한 적절한 보상이 필요하다.

3) 경력상담제도

개인의 경력계획 수립 시에 경력개발담당자와 직속상사가 개인과의 상담을 통하여 경력개발계획에 조언해주는 제도이다.
이는 개인의 목표와 조직의 목표가 서로 조화를 이룰 수 있는 기회를 제공하여 경력경로설정에 커다란 도움을 줄 수 있다.
이 제도의 성공적 운영을 위해서는

첫째, 개인적 관점에서는 조직 내 다양한 정보를 입수하여 경력개발에 적극적으로 활용하며,

둘째, 조직적 관점에서는 다양한 정보를 보유하여 구성원을 효율적으로 활용한다.

4) 직무순환제도

조직의 유연성을 높이기 위한 직무설계방법 중 하나의 방법으로서 구성원들의 직무를 일정기간마다 변화를 주어 다양한 경험과 지식 등을 습득하게 하는 인재양성제도이다.

5) 후임자 양성제도

장기적인 관점에서 후임자를 양성하기 위한 제도로서 이는 조직의 주요 직위 승계와 핵심적 구성원에 대한 경력개발의 효과적 운영을 위한 계획이다.

이러한 후임자 양성제도는 미래의 경영을 책임질 차세대 경영자를 위한 체계적 육성과 현재 또는 미래의 주요 직위와 직무를 담당할 후임자를 양성하는 제도이다.

6) 파견제도

현재의 구성원을 다른 조직에 파견하여 그 조직의 지휘와 명령하에서 근무하도록 하는 제도이다.

경력개발측면에서의 파견제도는 미래의 직무를 신속·정확하게 수행하기 위하여 전문적 지식, 기술 및 경험을 필요로 하는 경우와 미래의 직무내용과 근무형태 등의 특수성을 감안하여 필요한 경력을 형성해가면서 승진 또는 승급시키기 위한 제도이다.

7) 코칭제도

성공적인 코칭을 위해서는 조직 내의 코칭을 제공하는 상급자 또는 전문가와 코칭을 받는 구성원 간의 원활한 파트너십이 가장 중요하다.

이러한 코칭제도는 코칭을 받는 구성원이 잠재능력을 표출할 수 있도록 하여야 하며 또한 한계를 극복하고 지속적으로 도전할 수 있도록 무한한 가능성을 제시해 주어야 한다.

따라서 코칭제도의 효과를 극대화시키기 위해서는 코칭을 제공하는 사람과 코칭을 받는 사람 상호 간의 신뢰와 공감이 선행되어야 한다.

3. 조직차원의 성공적 경력관리

급격한 경영환경변화에 따라 중요한 경영자원으로서 구성원의 중요성이 다른 산업에 비해 강조되고 있다.

따라서 구성원 개인에 대한 경력관리가 효과적으로 이루어지기 위해서 조직차원에서 고려해야 할 사항으로는

첫째, 경력개발제도 확립
둘째, 경영전략과 직무에 적합한 경력개발관리
셋째, 전략적 인적자원관리로 유기적 관계유지
넷째, 경력관리제도의 도입
다섯째, 경력관리전문가의 양성
여섯째, 최고경영자의 적극적인 지원과 실천 등을 들 수 있다.

4. 인공지능을 활용한 경력관리

국내·외의 여러 기업들이 직원 평가, 인사이동, 경력관리 제안에 인공지능을 활용해오고 있다. 대표적인 기업은 IBM으로 구성원 개인의 역량을 평가하고 적합한 부서와 협업을 위한 역량 등을 평가한다. 나아가 구성원의 현재 근무지, 역할, 경력, 급여 등을 고려해서 인사이동에 반영한다. IBM에 의하면 코크니페이, 블루매칭, 캐리어코치 등 인공지능의 활용은 사람이 의사소통을 할 때 발생하는 휴먼에러를 제거하는 데 기여하고 있으며 인공지능이 업무를 처리함으로써 연간 1억 달러가량의 비용을 절감하고 있다고 한다. 이 금액은 채용부터 훈련, 직무전환 등에 지원함으로써 발생되는 기회비용을 포함한 금액을 말한다.

필립 코틀러(P. Kotler)의 6가지 CSR 활동

CSR은 Corporate Social Responsibility(기업의 사회적 책임)의 약자이며 현대사회에서는 기업들이 많은 종류의 사회적 공헌활동을 하고 있다.

6가지 활동을 나열하면 다음과 같다.

첫째, 공익캠페인 : 이는 기업이 기금, 현물기증, 기타자산을 제공하는 활동
둘째, 공익연계마케팅 : 매출액의 일정비율을 기부하는 활동
셋째, 사회마케팅 : 사회복지를 개선하기 위해 기업행동의 변화 캠페인 활동
넷째, 사회공헌활동 : 사회문제와 공익사업에 직접 기부하는 방식의 활동
다섯째, 지역사회 자원봉사 : 지역사회의 사회문제에 참여하고 자원봉사를 지원하고 권장하는 방식의 활동
여섯째, 사회책임활동 : 환경보호와 사회복지개선에 기여하는 경영 및 투자 활동

제11장

인간관계관리

제11장 인간관계관리

● 제1절 인간관계관리의 전반적 이해

1. 인간관계관리의 정의

인간관계(human relation)의 정의를 두 가지 측면에서 알아보면,

첫째, 사전적인 정의는 둘 이상의 사람 사이의 정서적 관계를 의미한다.

이러한 관계는 추론, 사랑, 연대, 일상적인 사업관계 즉 사회적 약속에 기반을 두고 이루어지는 관계이며,

둘째, 조직관리적인 정의는 조직구성원들의 높은 사기를 기초로 하여 보다 향상된 조직의 생산성과 효율성을 창출하기 위해서 상호 협동하게 하는 수단이라고 할 수 있다.

인간관계관리(human relation management)의 정의는 높은 사기(Morale)를 통해서 조직구성원이 자발적으로 조직목표달성을 위하여 상호 협력체계를 확립하는 수단 또는 기술의 관리활동이라고 할 수 있다.

다시 말하면 상호신뢰와 이해를 바탕으로 일체감 형성과 조직의 유지와 발전에 기여하도록 하는 관리활동이라고 할 수 있다.

2. 인간관계관리의 중요성

상호 간의 원활한 협동관계와 함께 조직목표 달성을 위해 적극적인 조직공헌 활동을 유도하기 위해서는 임금, 작업시간, 휴식시간, 작업조건(조명, 온도 등)과 심리적 조건(감정, 동기 등)보다는 사회적 조건(집단 내에서의 인간관계)이 조직의 생산능률향상에 더 큰 영향을 미치고 있다.

그러므로 사회적 조건이 중요한 이유는 조직구성원들이 대부분의 시간을 조직 내에서 보내기 때문에 적극적인 조직공헌활동을 유도하기 위해서는 원활한 인간 관계 형성이 이루어질 때 가능하기 때문이다.

3. 인간관계관리의 기초이론

1) 과학적 관리법

19세기 말과 20세기 초 산업기술의 발달과 기업 간 경쟁심화로 인한 기업도산 과 공장폐쇄 등의 상황에서 새로운 경영합리화를 추구하기 위하여 미국에서 일 어난 기업경영과 생산과정 과학화운동에 고전적 조직이론을 접목하여 만들어진 프레드릭 테일러(Frederick W. Taylor)의 관리이론이다. 이를 일명 테일러 시스템 (Taylor system) 또는 테일러의 과학적 관리법이라고 한다.

이 과학적 관리법은 최대의 생산성을 올릴 수 있는 표준작업절차를 설정하고 표준작업량을 달성하기 위한 방법을 발견하기 위한 합리적 관리기술의 접근방법 이다.

(1) 과학적 관리법의 주요 내용

① 표준작업량 설정 : 작업수행과정에서 시간과 동작과정을 분석·연구하여 작 업과정의 표준화로 표준작업량을 설정
② 차별성과급제 시행 : 설정된 표준작업량을 기준으로 과업의 달성정도에 따 라 임금을 차별하여 지급하는 제도를 시행

(2) 과학적 관리법의 한계

① 사회적 요인의 경시 : 작업자 간의 인간관계와 비공식조직을 고려하지 않음
② 인간의 고차원적 욕구의 경시 : 작업자를 기계의 부속품으로 취급 등

이러한 한계에 의해서 과학적 관리법은 인간을 단순히 작업도구의 수단으로 간주하였다는 비판을 받기도 하지만 합리적 관리기술에 의한 표준작업량을 설정하여 이를 바탕으로 차별성과급제를 실시하여 생산성의 향상을 이룬 측면에서 높이 평가받고 있다.

2) 호오손 실험

호오손 실험(hawthorne experiment)은 프레드릭 테일러(Frederick W. Taylor)의 과학적 관리법을 보완하고 작업자의 사기앙양과 작업능률향상에 관한 요인들을 확인하기 위해 메이요(G. E Mayo) 교수가 그의 동료들과 함께 1924년에서 1932년까지 미국의 웨스턴 일렉트릭 회사의 호오손 공장에서 실시하였던 실험이다.

호오손 실험의 연구내용과 진행과정으로

1차 ; 조명실험(1924~1927)은 조명도와 작업능률과의 상관관계를 실험하였으며,
2차 ; 계전기 조립실험(1927~1928)은 조명도 외에 작업능률향상에 영향을 미치는 요인들에 대해 연구하였으며,
3차 ; 면접실험(1928~1930)은 작업자의 불만에 대해 면접조사하였으며,
4차 ; 배전기 권선실험(1931~1932)은 조직 내 자생적 비공식조직에 대한 연구가 이루어졌다.

위의 4차에 걸친 호오손 실험의 결과, 생산성에 영향을 미치는 요인을 요약하면,

① 작업조건(조명, 환기, 기타환경)과 근로조건(임금, 작업시간, 휴식시간 등)보다는 작업자의 태도와 감정이 더 중요하며,
② 작업능률향상을 위해 작업환경과 작업조건 이외의 심리적 요인의 중요성을 인식하게 되었으며,
③ 심리적 요인을 좌우하는 것은 사회적 요인(사회적 환경, 조직 내 세력관계,

작업자들이 소속한 비공식조직)이라는 것을 인식하게 되었으며,

④ 작업자의 조직에 대한 귀속의식 함양과 행동규제에 중요한 영향을 미치는 요인으로는 공식조직의 역할보다는 상호 간의 인간관계에 의해 자연발생적으로 형성된 비공식조직의 역할이 더 크다는 결론을 얻게 되었다.

따라서 메이요의 호오손 실험은 인간관계이론의 형성에 직접적인 영향을 준 최초의 실험이며 또한 인간관계이론의 기본개념을 형성하는 데 있어서 직접적인 동기와 인간의 존엄성을 기초로 하는 인간관계이론의 새로운 영역을 개척하였다고 볼 수 있다.

○ 제2절 인간관계이론

1. 인간관계이론의 발전

인간관계이론에서 행동과학의 발전은 두 방향 즉 관계적 행동과학과 의사결정 행동과학으로 발전하게 되었다.

관계적 행동과학은 동기부여와 리더십 이론으로 발전하였으며,

관계적 행동과학의 대표적인 학자로는

① 매슬로우(Maslow)

② 맥그리거(McGregor)

③ 허즈버그(Herzberg)

④ 앨더퍼(Alderfer)

⑤ 맥클레랜드(McClelland) 등을 들 수 있다.

반면에 의사결정 행동과학은 조직행동이론 쪽으로 발전하였으며,

조직행동론의 대표적인 학자로는

① 버나드(Barnard)와

② 사이몬(Simon)을 들 수 있다.

이들 두 행동과학이론 중에서 본서에서는 조직행동론보다 인적자원관리와 관련된 관계적 행동과학인 동기부여(motivation), 리더십(leadership)과 커뮤니케이션 (communication)을 중심으로 알아보고자 한다.

2. 동기부여(motivation)

1) 정의

동기부여는 동기화 또는 동기유발이라는 용어로 사용되기도 하며 사전적 정의로는 집단이나 개인들에게 특정한 자극을 주어 목표지향적 행동을 불러일으키는 것이며, 조직적 관점에서의 동기부여는 조직구성원의 욕구를 충족시킬 수 있는 조직의 환경하에서 자발적 의지를 이끌어내어 조직의 목표를 달성하고자 하는 동기요인이라고 정의할 수 있다.

2) 중요성

조직구성원들은 다양한 욕구를 가지고 있으며 이들의 다양한 욕구가 충족되지 않으면 긴장(tension)이 야기되어 자기 자신의 역량을 발휘하기 어렵다.

그러므로 조직구성원의 잠재능력의 발휘를 위해 이들의 욕구를 사전에 인지하고 이해할 필요가 있으며, 또한 조직목표달성을 위해 가장 바람직한 동기요인(성과에 대한 보상)들을 제공하여 다양한 욕구를 충족시켜줌으로써 효율적 관리를 할 수 있다.

3) 전통적 동기부여이론

전통적 동기부여이론을 알아보면 아래 〈표 11-1〉과 같다.

| 표 11-1 | **전통적 동기부여이론**

학자	이론	내용
매슬로우(A. Maslow)	욕구 5단계이론	생리적 욕구, 안전욕구, 사회적 욕구, 존경욕구, 자아실현의 욕구
맥그리거(D. McGregor)	XY이론	X형: 부정적 시각, Y형: 긍정적 시각
허즈버그(Herzberg)	2요인이론	동기요인: 만족요인, 위생요인: 불만족요인
앨더퍼(C. Alderfer)	ERG이론	존재욕구, 관계욕구, 성장욕구
맥클레랜드(McClelland)	욕구이론	성취욕구, 성공/권력욕구, 제휴욕구

(1) 매슬로우(A. Maslow)의 욕구단계이론

욕구단계이론(theory of hierarchy needs)은 동기부여이론의 개척자인 매슬로우에 의해 주창된 이론으로서 초기의 동기부여이론이다.

이를 5단계로 분류하여 설명하면,

가. 생리적 욕구(physiological need)

의 · 식 · 주에 관련된 욕구

나. 안전욕구(safety need)

육체적 · 심리적으로 상처를 받지 않고 안전하게 지낼 수 있기를 바라는 욕구

다. 사회적 욕구(social need)

애정, 소속감, 우정, 사회구성원으로서의 욕구

라. 존경욕구(esteem need)

내적인 존경 : 자기존중, 자율성, 성취감
외적인 존경 : 사회적 지위, 타인의 인정과 관심

마. 자아실현의 욕구(self-actualization need)

존재의 의미를 실현하고자 하는 욕구단계로서 잠재능력 활용으로 욕구충족상태에 도달하고자 하는 욕구이며, 또한 자아실현의 욕구는 충족되더라도 더 높은 욕구로의 지속적인 특성(being needs)을 가지고 있다.

5단계를 다시 하위욕구와 상위욕구로 구분할 수 있다.

㉮ 하위욕구 : 생리적 욕구와 안전욕구는 외부적 요인에 의해 충족이 이루어지는 욕구
㉯ 상위욕구 : 사회적 욕구, 존경욕구, 자아실현의 욕구는 내부적 요인에 의해 충족이 이루어지는 욕구

| 그림 11-1 | 매슬로우의 욕구단계이론

(2) 맥그리거(D. McGregor)의 XY이론

XY이론은 관리자들이 부하직원들에 대해 어떠한 생각을 가지고 있는지를 조사한 이론으로서 관리자들은 부하직원의 인간성을 긍정적인 시각(Y이론)과 부정적인 시각(X이론)의 두 가지 시각으로 보고 있다는 것을 발견한 이론이다.

가. X이론의 관점

전통적 인간관, 성숙하지 못한 인간관, 소극적·수동적 인간관

㉮ 부하직원은 일을 하기 싫어하며,

㉯ 게으름을 피울 기회만 찾으며,

㉰ 책임회피와 수동적인 일처리를 선호하며,

㉱ 위험부담보다는 안전을 추구하며,

㉲ 야심이 없다.

나. Y이론의 관점

근대적 인간관, 능동적·적극적 인간관

㉮ 목표를 공유하면 열심히 일을 하며,

ⓝ 스스로 방향을 설정하여 일을 수행하며,
ⓓ 책임지고 긍정적인 일처리를 선호하며,
ⓡ 혁신적인 결정을 추구하며,
ⓜ 야심차게 일을 처리한다.

따라서 맥그리거에 의하면 대부분의 관리자는 부하직원들이 X이론 또는 Y이론 중 하나에 속한다고 보았으며, Y이론의 관점을 가진 관리자는 부하직원의 동기부여에 도움이 된다고 믿었다.

그러나 이러한 이분법적인 관점에 대한 실증적 근거가 없기 때문에 상황에 따라 다를 수 있다는 것이 설득력을 얻고 있다.

(3) 허즈버그(Herzberg)의 2요인이론

2요인이론(2 factor theory)은

첫째, 직무를 수행함에 있어서 만족을 느껴 동기부여 정도를 높이는 요인(동기요인 - 만족요인)과

둘째, 불만족을 느껴 동기부여 정도를 낮추는 요인(위생요인 - 불만족요인)으로 구분된다.

가. 동기요인(motivator)

만족요인으로서,

ⓐ 직무자체와 관련된 요인인 승진, 인정, 성취감
ⓝ 직무자체에 대한 책임감, 도전감, 자아실현 등 고차원의 정신적 욕구이다.

이는 충족되지 않아도 불만은 없고 충족되면 만족을 느껴 직무성과를 올리는 요인이다.

나. 위생요인(hygiene factor)

불만족요인으로서, 주변 환경과 관련된 요인인 조직의 정책과 관리시스템, 임

금, 작업환경과 조건, 대인관계, 감독, 신분유지, 안전 등은 불만을 감소시킬 수는 있으나 만족감은 줄 수 없는 요인이다.

따라서 위생요인을 아무리 개선해도 조직구성원의 욕구는 충족되지 못하므로 장기적인 관점에서 동기부여의 정도를 높이는 요인인 동기요인 즉 만족요인에 지속적으로 관심을 가지는 것이 조직목표달성에 도움이 된다는 것이다.

(4) 앨더퍼(C. Alderfer)의 ERG이론

매슬로우의 욕구 5단계 이론을 수정·확장한 앨더퍼의 ERG(existence, relatedness, growth)이론은 인간의 욕구를 세 가지 욕구 즉 존재욕구, 관계욕구, 성장욕구로 분류하여 주창한 이론이다.

세 가지 욕구로 분류하여 알아보면,

가. 존재욕구(existence needs)

배고픔, 갈증, 안식처 등 생존을 위해 필요한 생리적, 물리적 욕구이며, 이는 매슬로우의 생리적 욕구, 안전욕구의 일부에 해당하는 욕구이다.

나. 관계욕구(relatedness needs)

가족, 감독자, 공동작업자, 부하, 동료 등과 같은 타인과 관계되는 모든 욕구이며, 이는 매슬로우의 안전욕구, 사회적, 존경욕구의 일부에 해당하는 욕구이다.

다. 성장욕구(growth needs)

개인성장이나 창조적 성장과 관련된 모든 내적욕구를 포함하며, 이는 매슬로우의 존경욕구 일부와 자아실현의 욕구에 해당하는 욕구이다.

이러한 앨더퍼의 ERG이론의 특성은

첫째, 높은 단계의 욕구가 충족될 수 없다는 것을 알게 되면 낮은 단계의 욕구를 더 원하게 되며,

둘째, 한 가지 이상의 욕구가 동시에 같이 작용할 수 있으며,

셋째, 낮은 단계의 욕구 충족이 없어도 높은 단계의 욕구가 행동에 대한 영향력 행사가 가능하다.

그러나 매슬로우의 욕구 5단계설의 특성은 낮은 단계의 욕구가 충족될 경우에 다음의 높은 단계욕구로 옮겨간다는 이론으로서 이러한 특성이 앨더퍼의 ERG이론의 특성과의 큰 차이점이다.

(5) 맥클레랜드(McClelland)의 욕구이론

이 이론은 욕구의 종류를 아래와 같이 세 가지로 구분하여 설명하고 있다.

가. 성취욕구(achievement need)

보통보다는 우수한 결과를 얻고자 하는 욕망으로서 탁월해지고 싶은 욕구

나. 성공 또는 권력욕구(power need)

타인의 행동에 영향을 미쳐 타인에게 변화를 일으키게 하고 싶은 욕구

다. 제휴욕구(affiliation need)

개인적 친밀감과 우정에 대한 욕구

맥클레랜드는 사람에 따라 서로 다른 양상의 동기부여가 이루어져야 한다고 하였다.

첫째, 성취욕구가 높은 사람은 타인보다 높은 성과를 냄으로써 자신의 존재가치를 확인하고자 하며 또한 주어진 책임에 대한 결과를 즉각적으로 확인하고자 하기 때문에 이들은 약간의 리스크가 있는 직무를 좋아한다.

둘째, 성공과 권력에 대한 욕구가 높은 사람은 타인에 대한 영향력과 통제할 수 있는 일에 자극을 받으며 관리직에서 성공할 수 있다.

셋째, 제휴욕구가 높은 사람은 다른 사람으로부터 인정을 받고 이들과 좋은 관계를 유지하는 것에 우선순위를 두며 영업직에서 성공할 수 있다.

4) 현대적 동기부여이론

현대적 동기부여이론을 아래 〈표 11-2〉와 같이 알아보면,

| 표 11-2 | **현대적 동기부여이론**

학자	이론	내용
애덤스(J. Adams)	공정성이론	분배적 공정성과 절차적 공정성
브룸(V. Vroom)/ 로울러와 포터(Lawler & Porter)	VIE이론	기대(Expectancy) 수단(Instrumentality) 유인성/유의성(Valence)

(1) 애덤스(J. Adams)의 공정성이론

공정성이론(equity theory)은 각 조직구성원들이 자신의 노력에 대한 보상기준의 적절성 여부를 판단할 경우에는 다른 조직구성원의 상대적 보상기준을 중요하게 고려하여 공정한 보상을 받고자 하는 전제하에서 출발하는 이론이다.

보상기준의 네 가지 비교를 알아보면 아래와 같다.

가. self-inside

같은 조직 내에서 다른 직책을 맡았을 때와의 비교

나. self-outside

지난 번 조직에서 받던 대우와의 비교

다. other-inside

같은 조직 내에서 다른 구성원과의 비교

라. other-outside

다른 조직의 구성원과의 비교

따라서 공정성은 자신의 과거경험과 현재의 대우를 여러 대상들과 비교하여 정당하고 공정하기를 기대하며 동기부여는 절대적인 보상뿐만 아니라 다른 구성원이 받고 있는 보상과 비교한 상대적 보상에 의해서도 큰 영향을 받을 수 있다.

다시 공정성이론을 분배적과 절차적 공정성으로 구분해보면 아래와 같다.

가. 분배적 공정성

개인의 직무만족도에 영향을 미치는 보상기준

나. 절차적 공정성

조직에 대한 충성도, 관리자에 대한 신뢰, 사직여부 등에 의한 성과분배의 보상기준

| 그림 11-2 | **투입과 성과의 비교와 평가**

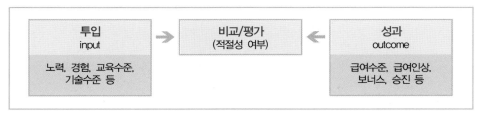

(2) 기대이론

브룸(V. Vroom)이 주장하고 로우러와 포터(Lawler & Porter)가 확장한 기대이론(expectancy theory)으로서 이 이론은 자신의 노력에 대해 적절한 평가와 보상이 이루어질 것이라는 확신이 설 때 비로소 행동을 실행한다는 것이다.

이 이론은 일명 VIE이론이라고도 한다.

다음과 같은 세 가지 관계에 대해서 알아보면 다음과 같다.

가. 기대(expectancy)

노력-성과관계(effort-performance relationship)
노력을 하면 높은 성과가능성의 확신

나. 수단(instrumentality)

성과-보상관계(performance-reward relationship)
좋은 성과에 대한 적절한 보상의 확신

다. 유인성/유의성(valence)

보상-개인목표관계(reward-personal goal relationship)
보상과 개인보상목표와의 적합성 여부

| 그림 11-3 | **기대이론의 흐름도**

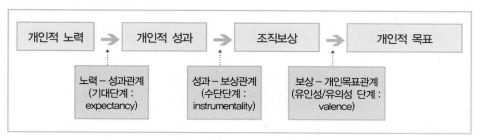

자료 : Vroom(1964), work and motivation, New York, Wiley, 저자 재구성

　　따라서 적절한 보상확신으로 동기부여를 해주고 싶다면 개인적 목표가 무엇인
지를 파악하여 노력-성과, 성과-보상, 보상-개인적 목표 사이의 관계를 확실히 인
식시켜 주어야 한다.

3. 리더십

1) 정의

　　리더십(leadership)이란 조직의 목표달성을 위해 다른 구성원들의 행동에 영향
을 미치는 기술 또는 과정이다.
　　즉 리더십은 지도자의 능력, 지도력, 통솔력, 자질 등을 의미한다.
　　행동과학적 입장에서의 리더십이란 주어진 환경 속에서 조직의 목표를 달성하기 위하여 조직구성원에게 영향력을 행사하는 개인 또는 조직활동의 과정이라고 할 수 있다.

2) 중요성

행동과학적 입장에서 리더십이 중요한 이유로는

첫째, 조직역량의 극대화로 시너지효과(synergy effect) 창출
둘째, 조직성과에 지대한 영향
셋째, 직무만족과 조직몰입에 기여
넷째, 구성원의 개인능력 배양
다섯째, 새로운 아이디어개발과 변화촉진
여섯째, 조직의 방향과 비전제시 등을 들 수 있다.

조직구성원들 간의 원활한 상호작용이 이루어지는 리더십은 조직의 목표달성에 커다란 영향력을 행사할 수 있어서 매우 중요하다.

3) 리더의 역할

리더가 해야 할 역할을 알아보면,

① 조직의 존속과 발전에 기여
② 계획, 조직, 지휘, 조정, 통제적 경영관리기능
③ 적합한 의사결정의 선택
④ 사회적 책임 이행
⑤ 혁신적 사고와 이행
⑥ 후계자의 양성 등을 들 수 있다.

4) 리더십이론

리더십연구(leadership research)에서는 어떠한 리더십이 조직과 구성원의 목표달성을 위해 가장 효과적인 리더십인가를 밝히는 것이 관건으로서 이러한 리더

십의 유효성에 영향을 미치는 변수를 기준으로 한 특성이론, 행동이론, 상황이론 등으로 구분할 수 있다.

| 그림 11-4 | 리더십이론의 발전과정

특성이론 → 행동이론 → 상황이론

| 표 11-3 | 리더십이론의 학자와 내용

이론	연대	학자	내용
특성이론	1940~1950년대	스토그딜 (Stogdill)	리더의 특성과 자질을 선천적 관점에서 접근
행동이론	1960~1970년대	레윈과 리피트 (Lewin & Lippitt)	권위적, 민주적, 방임형 리더십 일차원 모형
		블레이크와 머튼 (Blake & Mouton)	구성원과 성과에 대한 관심으로 리더십 구분-관리격자이론/다차원 모형
상황이론	1970~1980년대	피에들러 (fiedler)	특정 상황에 맞는 리더의 배치
		헬시와 브랜차드 (Hersey & Blanchard)	상황에 따른 다른 리더십 구사
		하우스 (House)	명확한 보상 제시로 리더십의 유효성 증대 경로-목표이론

가. 특성이론(1940~1950년대)

스토그딜(Stogdill)의 특성이론(trait-leader theory)에 의하면 우수한 리더가 될 수 있는 자격으로

㉮ 지적능력   ㉯ 민감성   ㉰ 통찰력   ㉱ 책임감
㉲ 진취성   ㉳ 지속성   ㉴ 자신감   ㉵ 사교성 등을 제시하였다.

이 이론에서는 성공적인 리더와 실패적인 리더를 구별할 수 있는 특성과 자질은 선천적으로 가지고 있다는 관점에서 출발한다.

그러나 문제점으로는

첫째, 리더는 만들어지는 것이 아니고 태어날 때부터 리더의 특성과 자질을 가
      지고 태어난다는 선천적 인식상의 문제점이며,
둘째, 우수한 리더확보의 어려움이 있으며,
셋째, 리더와 구성원 간의 상호보완관계의 인식보다 리더의 단독적 특성만을
      강조하였으며,
넷째, 리더십 유효성의 영향에 대한 명확한 이유를 제시하지 못하였다.

이러한 문제점들로 인하여 성공적인 리더들의 공통적인 특성을 구별해내지 못
함으로써 성공적인 리더십과 리더의 특성 사이에 나타나는 관련성이 발견되지
않았다는 것이 이 특성이론의 한계성이라고 할 수 있다.

나. 행동이론(1960~1970년대)

행동이론(behavioral theory)은 리더의 행동에 초점을 두고 조직의 성과를 높일
수 있는 리더십의 행동스타일과 행동패턴을 규명하여 효과적이라고 입증된 리더
십 행동스타일과 패턴을 조직구성원들에게 훈련시키고자 하는 이론이다.
이 이론에서 성공적인 리더는 선천적으로 리더의 특성과 자질을 가지고 태어
나는 것이 아니라 리더십의 행동스타일과 행동패턴에 대한 교육훈련 등으로 인
하여 만들어진다는 전제하에서 출발하였다.
이러한 행동이론에 대한 연구를 일차원 모형과 다차원 모형으로 나누어 설명하면,

가) 일차원 모형

이 모형의 대표적인 연구자로는 미국 아이오와대학의 레윈과 리피트(Lewin &
Lippitt)이다.
이들의 연구결과에 의하면 리더십에는 민주형, 권위형, 방임형 리더십이 있다
는 것을 규명하였으나, 미국 미시간대학의 리더십연구에서는 직무 또는 생산중심
적 리더와 직원중심적 리더가 있다는 것으로 규명하였다.
이들이 규명한 리더십의 관계를 알아보면 아이오와대학에서 규명한 권위형 리
더십은 미시간대학에서 규명한 직무 또는 생산중심적 리더십과 서로 유사한 개

념이며 민주형 리더십은 직원중심적 리더십과 유사한 개념으로 볼 수 있다.

나) 다차원 모형

이 모형의 대표적인 연구로는 미국 오하이오대학의 연구와 블레이크와 머튼 (Blake & Mouton)의 관리격자이론의 연구를 들 수 있다.

(가) 미국 오하이오대학의 연구

리더십의 스타일을 구조적 주도와 배려로 구분하여 리더의 행동을 측정하였다. 즉 구조적 주도는 리더가 구성원의 직무수행에 기획, 조직, 지시 그리고 통제하기 위해 행동하는 정보를 의미하며, 배려는 리더와 구성원 간의 관계에 있어서 신뢰, 우정, 지원 그리고 관심을 나타내기 위해 커뮤니케이션하는 정보를 의미한다.

(나) 블레이크와 머튼(Blake & Mouton)의 연구

관리격자(managerial grid)의 모형 즉 수평축으로는 생산에 대한 관심 정도와 수직축으로는 구성원에 대한 관심 정도를 계량화하여 아래 [그림 11-5]와 같이 다섯 가지 형태로 분류하였다. 이는 리더들의 생산에 대한 관심 정도와 구성원에 대한 관심 정도를 이용하여 리더의 행동유형을 구체화하여 효과적으로 리더십행동을 배양하기 위해 개발한 연구이다.

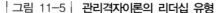

| 그림 11-5 | **관리격자이론의 리더십 유형**

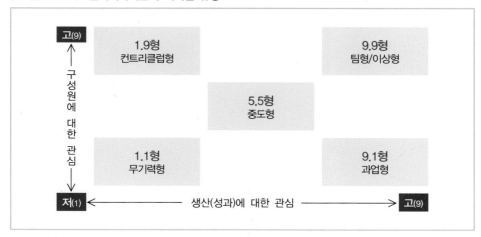

그러나 이 연구의 문제점은

첫째, 상황변화에 따른 효과적인 리더십 적용의 어려움
둘째, 리더 행동과 구성원 행동의 분리기술상의 문제
셋째, 리더 행동과 구성원의 성과와 만족 간의 직접적인 관계에 치중하고 있다
　　　는 것이다.

이 행동이론의 연구에서도 어떤 유형의 리더가 가장 높은 성과를 올릴 수 있는
가에 대하여 명확한 대답을 주지 못하였기 때문에 이 또한 완전한 리더십이론이
될 수 없었다.

다. 상황이론(1970~1980년대)

상황이론(situational theory)은 특성이론과 행동이론의 연구를 통하여 보편타당
한 리더의 특성과 행동에 이론을 찾으려고 하였으나 오히려 리더십의 유효성은
상황적 요인에 의해서 달라진다는 것을 알게 되었다.

이러한 이유 때문에 상황이론의 연구는 리더에 초점을 맞추는 것이 아니라 리
더와 구성원들이 처해있는 상황에 따라서 리더의 가치가 판단되고 리더십의 유
효성이 결정된다는 데 초점을 맞추었다.

그러므로 상황이론은 리더와 구성원들의 특성, 행동과 상황 간의 적합한 관계
를 설명하는 이론이며 또한 특정 상황에 적합한 리더에 의해서 효과적인 리더십
의 발휘가 가능하다는 원리의 이론이다.

대표적인 상황이론으로는 다음의 세 가지를 들 수 있다.

가) 피에들러(Fiedler)의 상황적합성이론

이 이론은 특성이론에 근거한 리더십스타일은 변화하기 어렵기 때문에 조직은
특정한 상황에 맞는 리더십스타일을 가진 리더를 배치해야 한다는 이론이다.

상황조절변수의 구성요소로는

㉮ 리더와 부하와의 관계
㉯ 직무구조

㉲ 리더의 직위와 권한 등이 있다.

나) 헬시와 브랜차드(Hersey & Blanchard)의 상황모형이론

리더의 성격이나 동기구조에 따라 리더는 동일한 리더십스타일을 보이는 것이 아니라 상황에 따라 다른 리더십스타일을 구사할 수 있다고 보는 이론이다.
이 이론은 리더십스타일로 크게

㉮ 관계지향적 관계행동과
㉯ 과업지향적 과업행동으로 구분하였다.

이러한 리더십스타일을 다시 상황에 따라 다른

㉮ 지시형 리더십
㉯ 설득형 리더십
㉲ 참여형 리더십
㉴ 위임형 리더십 등으로 구사할 수 있다고 하였다.

다) 하우스(House)의 경로–목표이론

구성원들이 열심히 직무를 수행하게끔 동기부여할 수 있는 리더의 행동을 연구한 이론으로서 이 이론은 동기부여이론의 하나인 기대이론에 기반을 두고 있다.
이 이론은 상황에 적합한 리더십스타일은 구성원 각자에 대한 명확한 보상을 제시하여 동기를 유발하게 함으로써 리더십의 유효성을 증대시키고자 하는 것이다.
리더십의 유형을 지시적, 후원적, 참여적, 성과지향적 리더십으로 구분하였다.

(가) 지시적 리더십(directive leadership)

기대를 알려주고 구체적으로 지시하며 질문사항 등에 대답하게 하는 리더십 유형이다.

(나) 후원적 리더십(supportive leadership)

복지와 안녕에 대해 관심을 가지며, 조직 내의 우호적인 분위기 조성과 조직집단 전체의 만족을 위해 노력하는 리더십 유형이다.

(다) 참여적 리더십(participate leadership)

정보와 아이디어를 서로 공유하기를 원하며 의사결정 시에는 부하직원들의 의견이나 제안을 수렴하여 결정하는 리더십 유형이다.

(라) 성과지향적 리더십(achievement oriented leadership)

성과지향적이며 도전적 목표를 설정하고 목표달성을 위해 부하직원의 능력을 믿고 추진하는 리더십 유형이다.

이러한 상황이론은 특성이론과 행동이론보다 진일보한 이론으로 평가받고 있으나 아래와 같이 몇 가지 문제점들이 발견되었다.

첫째, 각 이론의 변수측정과 검증의 어려움
둘째, 검증결과를 이용한 실무적용의 어려움
셋째, 상황변수의 복잡성
넷째, 너무 미시적 변수를 대상으로 한다는 것이다.

4. 커뮤니케이션

1) 정의

커뮤니케이션(communication)의 어원은 '공동의(common)' 또는 '공유하다(share)'의 뜻을 가진 라틴어 'communicare'에서 유래되었으며, 명사형은 '함께 나누는 사람'이란 뜻을 가진 'communis'에서 유래되었다고 한다.

따라서 커뮤니케이션은 인간으로 하여금 사회적 존재로서 살아가게 하는 하나의 도구로서의 역할을 하고 있다.

| 표 11-4 | 커뮤니케이션의 정의

구분	정의
사전적 정의	언어나 몸짓, 그림, 기호 등의 수단을 통하여 서로의 감정·생각을 주고 받는 일
인간관계론관점	친구, 가족, 조직, 사회에서 인간관계를 형성하고 유지시키는 근본적인 활동의 수단
조직관점	구성원들 간에 이루어지는 의사소통으로서 이들 간의 정보교환을 위한 상호작용이며 메시지의 흐름에 의해 조직 내 갈등을 조정, 해결하고 조직의 기능을 효율적으로 수행하기 위한 행위
종합적 관점	구조적 : 메시지를 보내고 받는 과정 기능적 : 어떤 자극에 대한 분별적 반응과정 의도적 : 수신자에게 메시지를 보내는 행위 이러한 세 가지 관점에 의해 상호 간 기호를 통하여 정보나 메시지를 수신하여 공통된 의미를 수립한 후 서로의 행동에 영향을 미치는 과정 및 행동

2) 중요성

세계적인 경영학자인 피터 드러커(P. Drucker)는 인간에게 가장 중요한 능력은 자기표현이며, 현대경영에서의 인적자원관리는 커뮤니케이션 능력에 좌우된다고 하였다.

그러므로 커뮤니케이션은 상호 간의 정보교류와 관계를 잘 형성하고 유지하며 표현능력을 증대시키며 이로 인하여 여러 분야에서 시너지효과를 창출할 수 있기 때문에 중요하다.

3) 유형

커뮤니케이션의 유형은 개인커뮤니케이션과 조직커뮤니케이션으로 구분될 수 있다. 이를 구체적으로 알아보면 아래 [그림 11-6]과 같다.

| 그림 11-6 | 커뮤니케이션의 유형

(1) 개인커뮤니케이션

개인커뮤니케이션(personal communication)은 구두에 의한 커뮤니케이션(communication by oral), 기록에 의한 커뮤니케이션(communication by record), 비언어적 커뮤니케이션(communication by non-language)으로 구분할 수 있다.

가. 구두에 의한 커뮤니케이션

개인 간의 정보교환과 의사전달을 위해 가장 많이 사용되고 있으며 주로 직접 대면과 영상 및 전화에 의해 이루어지고 있는 형태이다.

나. 기록에 의한 커뮤니케이션

이 방법은 정보교환과 전달내용이 중요할 경우에 기록해 두는 경우이며 주로 편지, 공람과 회람, E-mail 등으로 이루어지고 있는 형태이다.

다. 비언어적 커뮤니케이션

이 방법은 문서화된 언어를 사용하지 않고 메시지를 전달하는 커뮤니케이션으로서 주로 몸짓, 손짓, 얼굴표정, 시선 맞추기, 보디랭귀지(body language)와 제스처(gesture) 등에 의해 이루어지고 있는 형태이다.

(2) 조직커뮤니케이션

가. 공식적 커뮤니케이션

공식적 커뮤니케이션(formal communication)은 하향적 커뮤니케이션(downward communication), 상향적 커뮤니케이션(upward communication), 수평적 커뮤니케이션(horizontal communication)으로 구분할 수 있다.

가) 하향적 커뮤니케이션

상급자가 전달하는 명령이나 지시 등의 커뮤니케이션

나) 상향적 커뮤니케이션

성과, 의견 및 태도 등을 상급자에게 전달하는 커뮤니케이션

다) 수평적 커뮤니케이션

같은 수준의 구성원들 간 또는 부서 간의 커뮤니케이션으로서 이를 일명 상호 작용적 커뮤니케이션이라고 한다.

나. 비공식적 커뮤니케이션(informal communication)

비공식적 커뮤니케이션의 정보는 소문의 형태이기 때문에 왜곡될 소지가 많고 소홀히 취급될 수 있다.

본서에서는 개인커뮤니케이션보다 조직적 관점에서의 조직커뮤니케이션을 중심으로 알아보고자 한다.

4) 조직커뮤니케이션의 기능

이 기능은 경영활동기능, 관계증진기능, 참여기능의 세 가지로 구분될 수 있다.

(1) 경영활동기능

경영활동 즉 직무활동과 관련된 커뮤니케이션 기능으로서, 예를 들면 직무지

시, 직무조정, 직무교육훈련, 직무성과의 피드백에 의한 주인의식과 사명감 고취 등의 활동을 들 수 있다.

(2) 관계증진기능

인간관계증진을 위한 커뮤니케이션 기능으로서, 예를 들면 상하 간 또는 동료 간의 유대감 증진, 수평적 협조체제 유지, 관리통제기능의 분산 등을 들 수 있다.

(3) 참여기능

조직 내 문제점을 해결하기 위한 참여커뮤니케이션 기능으로서, 예를 들면 직무수행상의 애로사항과 문제점, 직무관련 문제점, 조직에 대한 제안사항 등을 들 수 있다.

5) 조직커뮤니케이션의 효율적 운영과 이점

조직커뮤니케이션의 중요성에도 불구하고 조직 내 상하 간의 커뮤니케이션이 단절되어 있는 경우가 많다. 이러한 단절을 극복하고 원활한 커뮤니케이션이 이루어지기 위해서는 관리자는 개방적 커뮤니케이션 조직문화의 정착을 위한 리더십을 발휘하여야 한다.

그러므로 조직커뮤니케이션의 효율적 운영을 위해서 관리자는 관리, 통제 및 사후보고 중심의 리더십이 아닌 직접 직무수행과정을 확인하고 접촉하면서 상호 간의 생각을 공유하고 조정하여 상호 협의하에 직무를 수행하도록 하여야 한다.

원활한 커뮤니케이션에 의한 이점으로는

첫째, 경영정보의 공유에 의한 주인의식 함양으로 공감대 형성과 조직에 대한 신뢰감을 제고할 수 있으며,
둘째, 조직운영의 유연성과 신속성을 증대시킬 수 있다.

이는 조직 내 각 부문 간의 유기적 협력과 내·외부 환경변화에 대한 신속한 대응의 원동력이 될 수 있다.

● 제3절 인간관계기술의 주요 기법

오늘날 모든 조직의 공통과제는 조직구성원들의 사기를 높여 생산성과 조직의 효율성을 향상시킴으로써 상호 간의 공동이익을 극대화하는 것이다.

이를 위해 호오손 실험과 인간관계이론들에서 입증되었듯이 환경개선과 물질적 보상만으로는 구성원들이 자발적으로 조직의 목표달성에 협력하는 데 한계가 있기 때문에 인간관계기술의 기법들을 이용하여 근로의욕을 향상시키는 노력들이 다양하게 시도되고 있다.

주요 기법으로는 아래의 〈표 11-5〉와 같이 제안제도, 인사상담제도, 사기진작제도, 커뮤니케이션 기법, 리더십 트레이닝기법 등을 들 수 있다.

| 표 11-5 | **인간관계기술의 주요 기법**

구분	내용
제안제도	구성원/근로자 참여제도 경영과 기술개선의 아이디어 수집과 보상
인사상담제도	사기진작과 동기부여제도
사기진작기법	사기조사, 동기조사, 소시오메트리, 센시티비티 트레이닝, 무결점 운동 등
커뮤니케이션기법	커뮤니케이션, 사내신문과 잡지, 브레인스토밍, 고충처리, 델파이 방법 등
리더십 트레이닝기법	리더십개발과 훈련제도

1. 제안제도

1880년 스코틀랜드의 조선업자인 데니(W. Denny)가 근로자들로부터 작업기술개선에 관한 아이디어를 수집하기 위하여 제안함을 설치한 것에서부터 유래되었으며 채택된 제안에 대해서는 적절한 보상을 하였다고 한다.

이 제도는 오늘날 인간관계기술의 하나인 직원참여제도로 발전하게 되었다.

최근에는 이 제안제도(suggestion system)가 경영전반에 관한 경영적·기술적 또는 기타사항에 대한 개선 의견이나 제안을 구성원으로부터 수집하여 경영개선에 이바지하고, 동시에 상호 간의 의사소통증진, 경영문제에 대한 구성원들의 적극적인 관심 증대, 근로의욕 증진을 꾀하고자 하는 제도로 정착하게 되었다.

제안의 채택을 위한 일반적 심사기준과 배점의 예를 들면 다음과 같다.

① 유형적 효과(30점)
② 실현성(30점)
③ 창의성(15점)
④ 무형적 효과(10점)
⑤ 노력 정도(10점)
⑥ 지속성(5점)　　　　합계 100점

단, 위의 심사기준과 배점은 경영과 기술관련 제안의 종류에 따라 차이가 있을 수 있음.

2. 인사상담제도

인사상담제도(personnel counselling system)는 개인적 감정이나 번민 등을 상담하여 해결해줌으로써 조직목표 달성에 적극적으로 참여토록 하는 것을 목적으로 하는 제도로서 사기진작과 동기부여를 위한 하나의 방법이다.

3. 사기진작기법

1) 사기조사

사기조사(Morale Survey)는 사기를 유지·증진시키기 위하여 효율적 경영관리를 위한 전제조건인 조직 불균형의 원천, 근로의욕의 저해요인, 구성원의 불만에 대한 원인 등을 통계적 방법이나 태도조사를 통해서 알아내려는 방법이다.

2) 동기조사

동기조사(Motivation Research)는 인간의 행동을 유발시키는 동기인 근본적인 욕구를 심층면접(depth interview), 집단토론법(group discussion), 투영기법(projective techniques) 등의 방법으로 파악하는 동기조사로서 사기조사의 태도조사방법과 같다.

3) 소시오메트리

소시오메트리(Sociometry)는 모레노(J. L. Moreno)에 의하여 고안된 방법으로서 소집단들의 사회관계를 수량적으로 측정하여 집단 내의 인간관계, 즉 구성원 상호 간의 감정관계를 객관적 방법으로 표현하려는 사회심리적인 인간관계연구의 한 방법이다.

4) 센시티비티 트레이닝(감수성 훈련)

센시티비티 트레이닝(sensitivity training)은 1947년 브레드포드(L. P. Bredford)에 의해 개발된 방법으로 감수성 훈련 또는 T-Group 훈련이라고 한다. 이는 개방적인 분위기와 함께 자유로운 상황하에 모인 구성원들이 상호 간에 깊은 인간관계를 유지하고, 자신이 그룹 내의 다른 구성원들로부터 어떻게 인지되고 있는가에 대한 자기변혁의 개발을 시도해보는 훈련방법이다.

5) 무결점운동

무결점(ZD)운동이란 zero defect의 약자로서 무결점 또는 무결함 계획이라고도 한다.

이 운동과 같은 의미로 서비스기업에서는 ZCD(zero customer defection: 고객 무이탈)운동을 하고 있다.

이는 구성원 각자의 주의와 노력에 의해 고객에게 무결점서비스를 제공하고 또한 품질향상과 신뢰성 제고 등에 의한 고객만족과 함께 고객충성도를 높여 고객의 이탈을 방지하고자 하는 운동이다.

4. 커뮤니케이션기법

1) 커뮤니케이션

커뮤니케이션(communication)은 의사전달이라고도 하며, 보통 사람과 사람 사이의 정보, 의사 또는 감정이 교환되는 것을 말한다.

이 방법의 경로에는 하향적·상향적·수평적 의사소통이 있다.

2) 사내신문과 잡지

사내신문과 잡지(internal company newsletter & magazine)는 사내의 조직과 구성원 간의 의사소통을 원활하게 하고, 상호 간의 일체감 조성을 위해 조직의 활동사항을 선전·홍보하기 위하여 조직이 발행하는 정기적, 부정기적 간행물을 말한다.

3) 브레인스토밍

브레인스토밍(brain storming)은 1941년 오스본(A.F. Osbon)에 의해 창안된 방법으로 참가자의 자유연상(free association)에 의해 많은 아이디어(idea)를 끌어내기 위한 방법으로 이를 두뇌선풍 또는 두뇌짜기라고도 한다.

즉 자유로운 토론으로 창조적인 아이디어를 끌어내기 위한 방법으로서 일반적으로 기획회의에서 아이디어 개발방식의 하나로 사용하고 있다.

4) 고충처리

고충처리(grievance treatment)의 고충이란 일반적으로 괴로운 사정이나 심정을 의미하며 조직 내에서의 고충이란 구성원의 힘으로는 어쩔 수 없는 근무조건이나 조직생활에서의 불만을 의미한다.

이러한 고충을 처리하기 위해 고충처리위원회를 설치하여 운영하고 있다.

5) 델파이 방법

델파이 방법(delphi method)은 다수의 의견을 체계적으로 수집하기 위하여 개별 또는 그룹별로 토론을 하고 그 결과를 전체 모임에서 발표·토론한 후, 다시 전체 모임에서 토론된 것을 가지고 개별 또는 그룹으로 돌아가서 다시 토론하고 수정·보완하여 전체 모임에 다시 가져와 발표·토론하여 좋은 방안을 찾는 방법이다.

이 방법은 계속해서 정보와 의견교환을 체계적으로 행하고 또 각자에게 참가의 기회를 부여하는 제도이다.

5. 리더십 트레이닝기법

리더십 트레이닝(leadership training)은 리더십개발을 위하여 훈련시키는 방법이며 조직목표의 달성을 위해 리더십의 유효성에 영향을 미치는 요인이론으로서 특성이론, 행동이론과 상황이론을 들 수 있다.

이러한 이론들을 근거로 하여 여러 조직상황에 적합한 리더십의 유효성 발휘가 가능하도록 실시하는 리더십훈련이다.

스티븐 코비와 잭 웰치가 공동으로 저술한 '성공하는 리더의 필요충분조건'

조직의 성공을 이끌어내는 리더에게는 반드시 핵심경쟁력이 있다.

핵심경쟁력의 7가지는 열정, 결단력, 추진력, 혁신, 긍정, 헌신, 배려 등을 들고 있다. 조직의 성공을 위해 열정과 긍정으로 자신을 결단하고 추진하되, 조직에 헌신하고 배려하는 리더만이 성공할 수 있다는 것으로 리더십의 본질을 설명하고 있다.

코로나시대 'HR리더십'의 키워드 6가지

1. Understanding Personality : 구성원 개개인의 특성을 고려한 '가이드 역할'을 수행한다.
   – 심리분석 도구인 DISC 또는 성격유형 분석 도구 MBTI 등을 활용
2. New normal Communication : "내 말이 무슨 말인지 알겠지?"가 아닌 업무 추진 과정을 그림 그리듯 정확하고 세세하게 알려주는 명확한 커뮤니케이션이 필요하다.
3. Teamwork with Task Design :
   – 진행 중인 프로젝트 규모, 본인이 담당하는 업무의 양, 중요도 등을 한 번에 확인 가능한 개인 평가결과 소프트웨어 '트렐로(trello) 프로그램' 활용
4. Channel Diversity : 구성원이 지식을 얻을 수 있는 채널을 다양화한다.
   – '5분 스피치' 또는 '브라운백 미팅' 등을 활용
5. Assessment & Feedback : 도구를 활용한 적합한 평가 및 피드백을 수행한다.
   – 상기 설명한 '트렐로 프로그램' 활용
6. Tech Literacy : 언텍드 도구 및 기술 활용법을 이용한다.
   – Zoom, 시스코 웨벡스, MS팀즈 등 화상회의 시스템 활용
   – 추가적으로 교안구성, 퍼실리테이터 스킬, 커뮤니케이션 교수법 등을 활용할 수 있도록 학습 유도

(출처 : 한화에어로스페이스 인재개발팀장)

제12장

복리후생관리

제12장 복리후생관리

제1절 복리후생관리의 전반적 이해

1. 복리후생의 정의

복리후생(benefit)이란 간접적인 보상으로서 구성원과 그 가족의 생활 안정과 질적 향상을 위해 필요한 직접적인 보상인 임금을 제외한 모든 간접보상과 일체의 서비스를 말한다.

조직차원 복리후생의 정의는 조직의 생산성 향상, 노사관계의 안정, 노동력의 안정적 유지와 향상에 기여할 것을 기대하여 구성원과 그 가족들을 대상으로 정신적 안정과 물질적 만족을 제공하여 그들의 삶에 있어서 질적 향상을 도모하기 위한 제도와 제반시설 등을 의미한다고 정의할 수 있다.

경영관리 측면에서 보면 구성원을 위한 복리후생제도와 제반시설은 동기유발 뿐만 아니라 서비스 품질의 향상과 주인의식 함양으로 생산성 향상과 수익성 증대를 가져올 수 있기 때문에 조직발전의 기여에 매우 중요한 의미가 있다.

2. 복리후생제도의 도입 목적

| 그림 12-1 | **도입 목적의 다양화 요인**

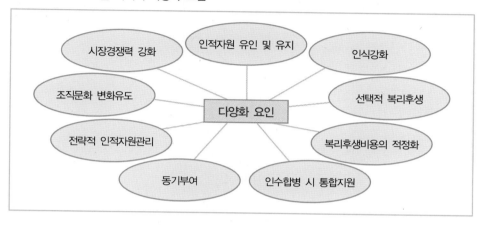

복리후생제도(benefit system) 도입목적의 다양화 요인(diversification factor)으로

① 조직이미지의 차별화로 시장경쟁력의 강화
② 잠재인적자원의 유인 및 구성원의 유지가능
③ 복리후생제도에 대한 인식강화
④ 조직문화의 변화유도 가능
⑤ 구성원별 복리후생가치의 극대화 – 선택적 복리후생제도
⑥ 과다한 복리후생비용의 억제
⑦ 전략적 인적자원관리와의 연계
⑧ 새로운 복리후생프로그램의 연구와 개발로 동기부여
⑨ 인수합병 시의 통합지원 등을 들 수 있다.

3. 복리후생제도의 운영방법과 영향요인

1) 운영방법

복리후생제도와 시설은 구성원들의 지지와 협력을 얻어야 하며 이 제도의 존재가치를 인정받기 위해서 아래의 운영방법들을 검토하여 조직에 적합한 방법을 선택하여 실시하여야 한다.

① 복리후생담당 직원을 두고 직접 운영하는 방법
② 자치적 운영에 맡기는 방법
③ 노사위원회에 운영을 맡기는 방법
④ 제3자에 운영을 위탁하는 방법 등

2) 영향요인

위의 운영방법의 결정에 영향을 미치는 요인으로는

① 실시 중인 복리후생의 종류
② 서비스산업 내 경쟁적 위치
③ 구성원의 규모
④ 조직의 특수성 등을 들 수 있다.

4. 복리후생제도의 이점

복리후생제도가 구성원과 조직에게 가져다주는 이점을 살펴보면 아래의 〈표 12-1〉과 같다.

| 표 12-1 | 복리후생제도의 이점

구성원측면	조직측면

• 사기앙양 및 동기부여 제공
• 복지인식 증대
• 불만감소
• 경영자와의 관계개선
• 고용안정과 생활수준 향상
• 건설적 참가기회의 증대
• 조직의 방침 및 목표에 대한 이해 증대
• 지역사회의 시설 및 기관에 대한 개인적 관심과 이해 촉진
	• 생산성 향상과 원가절감
	• '팀워크' 정신 고취
	• 결근 · 지각 · 사고 · 불만 및 이직률의 감소
	• 인간관계 개선
	• 채용 및 훈련비용의 절감
	• 건설적 근로기회 증대
	• 조직방침과 목적의 내부홍보기회 증대
	• 외부홍보기회 증대
	    – 지역사회의 지도자 간의 상호협력
	    – 지역봉사단체와의 관계 강화
	    – 조직목적과 활동의 외부 홍보

5. 전통적 · 현대적 복리후생제도

최근에는 조직의 경쟁력 향상과 유능한 구성원의 확보와 유지를 위한 과다한 복리후생비용의 지출로 인하여 일반관리비용의 통제가 어려워지고 수익성이 악화되고 있는 실정이다.

이런 어려운 실정을 극복하기 위해 복리후생제도에 대한 구성원의 다양한 욕구에 유연하게 대응할 수 있는 새로운 복리후생제도 개발의 필요성을 느끼고 있다.

따라서 이러한 필요성에 대한 하나의 방안으로서 전통적 복리후생제도보다 선택적 복리후생제도를 연구 · 개발하여 도입하고 있는 추세에 있다.

전통적 복리후생제도(traditional benefit system)는 구성원들의 욕구와 선호와는 상관없이 표준화된 복리후생제도를 획일적으로 운용하는 제도이며,

현대화된 선택적 복리후생제도(selective benefit system)는 구성원 개인의 욕구와 선호에 근거하여 조직이 개발해 놓은 복리후생제도의 선택안(options) 중에서 자유롭게 선택할 수 있도록 하여 복리후생제도의 유연성을 최대한 활용하고 또한 복리후생비용을 효율적으로 관리하기 위한 제도이다.

그러므로 서비스기업에서는 전통적 복리후생제도보다 선택적 복리후생제도를 보다 더 선호하고 시행하고 있다.

| 표 12-2 | **전통적 · 현대적 복리후생제도의 비교**

구분	전통적	현대적(선택적)
예산	과다비용지출 초래	정해진 예산범위 내 지출 가능
비용관리	어려움	편리함(용이)
관심	무관심/적은 관심	관심 증대
복리후생 항목	고정항목	항목추가 용이
혜택	불균형 초래	형평성 유지
욕구와 선호 변화	대응의 어려움	유연한 대응 가능
관점	장기적 관점	단기적 관점
운용	표준화	카페테리아식

6. 선택적 복리후생제도(selective benefit system)

1) 개념

이를 일명 카페테리아식 복리후생제도(cafeteria style benefit)라고도 하며, 조직 구성원의 욕구와 선호에 따라 조직의 다양한 복리후생의 선택안 중에서 일정한 범위 내에서 자유롭게 선택하도록 하는 제도이다.

즉 이는 다양한 복리후생 선택안 중에서 구성원이 선호하는 것을 선택할 수 있도록 하는 제도이다.

2) 도입배경

선택적 복리후생제도는 1963년 미국 캘리포니아대학의 심리학자인 니얼리(S. M. Nealey)가 제너럴 전기회사(General Electrics)를 대상으로 실시한 연구에서 처음으로 창안하여 도입한 제도이다. 이 연구결과를 통해서 복리후생 선호도의 차이를 발견하여 이들의 선호도를 충족시키기 위해서는 복리후생 예산을 감안하여 선택권을 제공하는 것이 효과적이라는 것을 알게 되었다.

이로 인하여 현재의 많은 서비스기업들이 채택하여 운용하고 있다.

3) 장단점

욕구와 필요에 의해 복리후생제도의 안을 선택함으로써 만족도를 높이고자 함에 있다.

선택적 복리후생제도의 장단점을 살펴보면 아래 〈표 12-3〉과 같다.

| 표 12-3 | **구성원 관점과 조직 관점의 장단점**

구성원 관점	장점	• 선택에 의한 만족도 향상 • 다양한 욕구와 선호를 반영
	단점	• 라이프스타일의 변화(맞벌이, 이혼, 싱글 등)로 인한 혜택의 형평성문제 미반영 등
조직 관점	장점	• 복리후생의 선택폭 확대 • 새로운 복리후생 프로그램에 대한 부담 감소 • 복리후생비용의 예측과 안정적 통제 가능

단점	• 복리후생 담당부서조직의 비대화 • 복리후생업무의 증가 • 제도개발을 위한 비용증가 • 복리후생제도 선택안 구성의 어려움 등

7. 효과적 설계를 위한 고려요인

복리후생제도를 효과적 설계를 위해서는 먼저 구성원들의 욕구를 분석하고 확인하여 복리후생을 향상시키고 조직목표달성에 기여할 수 있도록 설계되어야 한다. 이를 위한 복리후생제도의 효과적 설계요인으로는 아래 [그림 12-2]와 같다.

| 그림 12-2 | **복리후생제도의 효과적 설계요인**

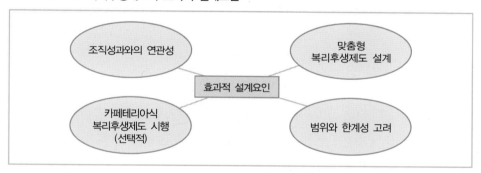

1) 조직성과와의 연관성

복리후생이 조직성과에 미치는 영향의 정도를 판단하는 것이 쉽지 않다.

허즈버그의 2요인이론에 의하면 복리후생이 위생요인에 해당하는 이유는 불합리한 복리후생 프로그램은 즉각적인 불만족을 야기하지만 반대로 합리적인 복리후생 프로그램이 시행되는 경우에도 구성원들에게 충분히 동기부여 역할을 하지 못하고 있다는 데 있다.

따라서 복리후생은 직접보상인 임금보다 생산성과 수익성에 적은 영향을 미친다.

2) 맞춤형 복리후생제도 설계

연령과 라이프스타일(lifestyle) 등에 따라 복리후생에 대한 욕구는 아래의 요인들에 의해서 다양화될 수 있다.

예를 들면

① 연령별(청년, 중장년, 노년층)
② 교육수준별(대졸, 전문대졸, 고졸 등)
③ 결혼여부(기혼, 미혼)
④ 가족 수
⑤ 기술수준의 높고 낮음 등의 다양한 배경을 가지고 있다.

따라서 다양한 배경을 가진 구성원들이 선호하는 맞춤형 복리후생제도의 설계가 필요하다.

3) 카페테리아식 복리후생제도 시행

다양한 복리후생제도를 패키지화하여 각자의 욕구에 적합한 패키지를 선택하도록 하는 프로그램이며 이는 책정된 복리후생비용의 범위 내에서 가장 적합한 패키지를 선택하는 개념이다.

우리나라에서도 이 프로그램이 점차 확산되고 있으며 구성원들로부터 좋은 반응을 얻고 있는 실정이다.

4) 범위와 한계성 고려

조직 측면에서는 과다한 복리후생제도는 경제적으로 커다란 부담이 되기 때문에 무조건 확대해나갈 수 없는 실정이다.

구성원 측면에서는 다양한 복리후생제도의 제공은 경제적 안정과 동기유발에 기여하는 것은 사실이나 기대에 대한 성과는 낮은 것으로 나타나고 있다.

그러므로 지나친 복리후생제도는 조직에 경제적 부담을 주고 구성원에게는 자립성을 저해하는 한계성을 가지고 있다.

프리드만(Friedman)에 의하면 지나친 복리후생은 경제적 혜택의 불공정한 분배와 비효율적 자원배분으로 결국에는 사회비용의 상승효과를 가져올 수 있다고 한다.

그러므로 복리후생의 범위와 한계를 명백히 하는 경영이념과 정책의 마련이 필요하다.

○ 제2절 복리후생제도의 유형

보상으로는 크게 직접보상(direct compensation)과 간접보상(indirect compensation)으로 구분할 수 있으며, 직접보상은 구성원에게 지급되는 임금이 해당되며, 간접보상으로는 법정 복리후생제도와 법정외 복리후생제도로 구분될 수 있다.

이 절에서는 간접보상인 법정 복리후생과 법정외 복리후생의 내용을 보면 아래의 [그림 12-3]과 같다.

| 그림 12-3 | **복리후생의 유형과 내용**

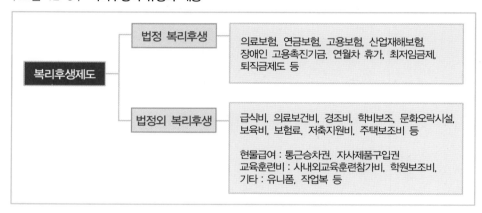

1. 법정 복리후생과 법정외 복리후생

1) 법정 복리후생

법정 복리후생제도는 국가의 사회보장제도와 밀접한 관계가 있으며 가입을 의무화하고 있다.

오늘날 구성원들이 질병, 노령화, 산업재해, 실업 등으로 근로를 못하게 될 때, 국가가 그들의 최저 생활을 보장하는 사회보험을 실시하고 사회보험을 조직들에게 일부 또는 전액을 부담시키고 있다.

매슬로우(Maslow)의 욕구 5단계 이론의 두 번째 단계인 안전의 욕구를 충족시키기 위해 정부는 건강보험(질병), 국민연금(노령화), 산재보험(산업재해), 고용보험(실업)을 법으로 정하고 있다.

2) 법정외 복리후생

앞에서 언급한 [그림 12-3]과 같이 법정 복리후생은 국가 내지 산업적인 차원에서 강제적으로 실시하는 것이지만, 법정외 복리후생은 조직이 자율적으로 실시하는 것이다.

법정외 복리후생을 다시 두 가지로 분류하여 법정 복리후생의 사회보험에 보다 추가적으로 혜택을 주는 보상과 그 이외에 기타 자율적인 보상을 생각할 수 있다.

| 그림 12-4 | **법정외 복리후생내용**

(1) 사회보험의 추가보상

국가차원에서 설정한 4대 사회보험(건강보험, 국민연금, 산재보험, 고용보험)의 보상 외에 조직이 자율적 보상수준을 설정하고 그 초과부분에 대해서 기업이 부담하는 방식이다.

예를 들면 질병의 경우 의료보험이 적용되지 않는 특수부문(고급약재 및 입원실 이용 등)에 대한 보조를 하거나 질병수당과 회복기 보조수당 등을 강화하는 내용이 된다.

또한 연금보험의 경우에는 공적보험이 지급되는 것과 별도로 추가적으로 개인적 보험이 지급되도록 조직에서 별도로 보험료를 지급하는 경우이다.

이 외에도 재해보험의 경우 조직 내의 재해조치, 병원의 설치, 실업보험의 경우 직업전환교육훈련의 강화 등을 들 수 있다.

(2) 기타 자율적인 신설보상

전자와는 별도로 사회보험과는 관계없는 복리후생제도를 조직이 자율적으로 설정하여 운영하는 경우이다.

2. 합리적 운영관리원칙

합리적 복리후생제도의 운영은 노사 모두에게 이익을 가져다주며 또한 조직의 생산성을 높이는 방안인 동시에 구성원의 생활향상을 가져오게 하는 것이다. 이를 합리적으로 운영하기 위해서는 적극적인 의사소통, 유연한 적용과 관리적 효과의 극대화가 이루어져야 한다.

복리후생의 합리적 운영관리를 위하여 기본적으로 고려해야 할 원칙들은 다음과 같다.

| 그림 12-5 | **합리적 운영관리원칙**

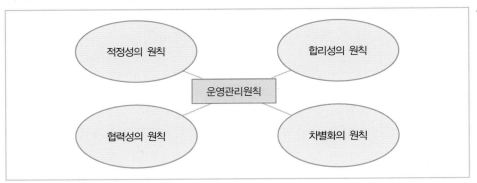

1) 적정성의 원칙(principle of adequacy)

동종 산업이나 그 지역 내의 다른 산업과 비교하여 크게 차등이 없고 적정한 복리후생이 시행되어야 한다.

2) 합리성의 원칙(principle of reasonability)

복리후생시설과 제도는 조직에서만이 아니고 국가나 지역사회에서도 시행하고 있으므로 서로 중복되거나 관련성이 결여되지 않도록 하고 국가의 사회보장제도와 지역사회와 합리적으로 협력하여 공동으로 추진하는 것도 좋은 방법이다.

3) 협력성의 원칙(principle of cooperation)

노사가 협의하여 복리후생의 내용을 충실하게 관리함으로써 복리후생제도와 시설을 발전시킬 수 있으며 그 운영에 있어서도 한층 협력적 효과를 발휘할 수 있다.

4) 차별화의 원칙(principle of differentiation)

연령과 복리후생과의 적합성을 알아보면, 연령에 따라 욕구가 다를 수 있기 때문에 청년층, 중장년층, 노년층으로 구분하여 차별화된 복리후생제도를 구성해야 한다.

매슬로우(Maslow)의 욕구 5단계 이론과 관련하여 연령계층별 복리후생제도의 차별화에 대해 살펴보면 아래 〈표 12-4〉와 같다.

| 표 12-4 | 욕구별과 연령계층별 복리후생제도

구분	청년층	중장년층	노년층
생리적 욕구	고용보장, 최저임금	상여, 자녀수당	재취업, 정년연장, 연금
안전의 욕구	근로시간, 안전위생	탁아, 의료, 주택보조	공제, 사회보장
사회적 욕구	친교, 스포츠	클럽활동	취미, 여가생활
존경의 욕구	능력에 의한 포상	연공인사, 성과배분	연공
자아실현의 욕구	경력개발	경영참가	봉사활동, 생애교육

위의 4가지 원칙에 의해 합리적으로 운영되는 복리후생제도를 통하여 다양한 욕구를 가진 구성원들로 하여금 더 높은 만족을 느끼도록 하여 조직의 발전에 기여할 수 있도록 하여야 하며, 더불어 합리적 운영을 위해 조직 관점과 구성원 관점을 고려하여 지속적으로 복리후생제도를 수정·보완시켜나가는 것이 중요하다.

한국 맥도날드의 복리후생

1. 근무성과에 따라 정규직 매니저로 채용 기회 제공

2. 사회보험 가입

3. 연 1회 정기 건강 검진 실시

4. 근로기준법에 따른 근무수당 지급: 주휴, 연장, 야간, 연차휴가, 퇴직금 등

5. 경조사 지원

6. 무료식사: 휴게 시간 중 햄버거 무료 제공

7. 교육 지원 프로그램: YBM 어학원 및 전국 1,500여 개 어학, 컴퓨터, 요리 등 학원 수강 지원, 사이버대학(서울사이버대, 경희사이버대, 한양사이버대, 세종사이버대) 입학금 면제, 수강료 최대 40% 감면

8. 오픈 도어: '직원의 소리'를 운영하여, 근무 시 발생되는 문제점 및 불만사항을 매니저 또는 직급에 관계 없이 도움받을 수 있음

출처: 맥도날드 홈페이지(https://www.mcalba.co.kr/)

마이다스아이티의 복리후생

마이다스아이티는 과학기술용 시뮬레이션 소프트웨어를 개발 및 보급하고 있는 국내 기업이다. 이 회사는 의료지원부터 부모님께 반찬을 선물할 수 있는 제도까지 맥도날드 못지않게 세심한 복리후생을 구성원에게 제공하고 있다.

HTW(Happy Think Weeks)
- 심신 재정비와 일에 대한 가치성찰을 위해, 근속 5년마다 모든 구성원에게 부여되는 3주간의 유급휴가 제도
- Happy Week (2주) : 개인/가족여행, 나눔활동 권장
- Think Week (1주) : 회사 운영 성찰 프로그램 참여

시크릿 쉐프
- 월 1회 고급 호텔 요리를 가정에서 즐길 수 있도록 반조리 형태로 레시피와 함께 제공
- 구성원 40% 자불, 60% 회사 지원

호텔식 3식 제공
- 식비 : 조식/중식/석식 2,000원
- 식비는 사회복지재단에 기부 (연말정산 가능)

MIDAS 행복 포인트
- 구성원 스스로 성장에 필요한 곳에 자율적으로 사용 가능한 개인 기명 법인카드
- 사용 한도 : 반기 150만원 / 연 300만원

마음을 담은 반찬
- 매 달 부모님께 반찬을 선물할 수 있는 제도
- 5월 가정의 달 회사 전액 지원

사내 헬스장 및 미용실 운영
- 사내 헬스장 운영 (운동복/샤워장 구비, 전문PT 가능)
- 사내미용실 운영(매주 화요일 구성원 예약제)

의료 및 보건
- 신규 입사자 건강검진 및 신체검사
- 만35 이상 본인 및 배우자 연1회 종합건강진단
- 연1회 전 임직원 독감 예방 접종

웰컴 키트 및 운동화 지원
- 신규 구성원 웰컴키트 증정(카페쿠폰/생활백서/회사굿즈)
- 신입 구성원 운동화 지급

구성원 주거비 지원
- 전세자금 대출 삼천만원 *대상 : 재직 1년 이상
- 신입사원 주거비 지원 (성남 이주시, 월세 20만원 지원)

구성원 전용 전문심리상담
- 전문 심리상담 서비스 지원
- 무료 신청 후 상담 진행

휴가제도
- 유급휴가, 경조사에 따른 청원휴가, 병가
- 우수사원 포상 휴가(해외여행 경비 지원)
- 회사콘도 이용 : 한화콘도(설악/수안보/백암/경주/지리산/산정호수/양평/용인/대천/해운대/춘천/제주 총 12곳)

근무 및 동아리 제도
- 시차 출퇴근제 운영
- 사내 동아리 인당 월 5만원 상한 실비 지원

법정 복리후생
- 4대 보험(국민연금, 의료보험, 고용보험, 산재보험)
- 단체 퇴직보험

기타 지원
- 구성원 상조회 운영에 의한 경조사비 지급
- 업무 외 자연재해 및 재난을 당한 직원에게 위로금 지원
- 생일케이크 지원 각 층에 음료 구비
- 즉석원두 커피머신, 캡슐 커피 머신 구비

일본 제국호텔(Imperial Hotel)의 전통적인 서비스

일본 내 호텔 베스트 3 중에서 으뜸으로 손꼽히는 곳이 제국호텔이다. 1890년에 도쿄 히비야에서 처음 문을 연 이 호텔은 오랜 일본문화의 전통을 간직하고 있으며, 현재까지도 일본에서 최고의 서비스를 제공하는 호텔로서 높은 평가를 받고 있다.

제국호텔은

1. 한 번이라도 호텔을 이용한 고객의 정보는 모두 유지하고 관리하고 있으며,

2. 고객의 금연 여부에 대한 정보도 가지고 있으며,

3. 고객이 오른손을 쓰는지 왼손을 쓰는지의 정보도 가지고 있으며,

4. 한 번도 본 적이 없는 투숙객을 알아보고 45도 머리를 숙여 "안녕히 다녀오십시오."라는 말과 함께 정중하게 인사하며,

5. 가족처럼 따뜻하고 정답게 응대한다.

제국호텔의 이런 훌륭한 서비스 중에서도 가장 정평이 나있는 것은 바로 '세탁서비스'이다. 이 서비스가 유명해진 이유는 고객이 세탁을 의뢰한 고객의 드레스나 재킷을 세탁할 때는 아예 단추를 떼고 세탁하고 다림질을 한 후에 다시 단추를 붙이는 식의 서비스를 제공한다. 심지어 단추를 분실했을 경우 최대한 비슷한 단추를 달기 위해 전 세계의 거의 모든 단추를 보관하고 있어 고객에게 감동을 주기도 한다.

이러한 호텔의 이례적인 세탁서비스는 일본 호텔업계뿐만 아니라 전 세계 호텔업계에서도 큰 화제가 되었다. 심지어 배우 키아누 라브스가 출연한 영화 〈코드명 K〉에서 "셔츠를 세탁하고 싶다. 가능하다면 도쿄의 제국호텔에서"라는 애드리브 대사를 했을 정도로 전 세계적으로 유명세를 탔다

탈무드

현인이 되는 7가지 방법

1. 현명한 사람 앞에서 침묵하자.

2. 상대의 이야기는 끝까지 경청하자.

3. 대답은 서두르지 않고 신중하게 하자.

4. 질문은 정곡을 찌르게 하고, 대답은 조리있게 하자.

5. 가장 우선적으로 해야 할 것부터 시작하고, 나중에 해도 되는 것은 마지막에 하자.

6. 모르는 부분은 솔직하게 인정하자.

7. 진실을 받아들이자.

제13장

노사관계관리

제13장 노사관계관리

⬤ 제1절 노사관계관리의 전반적 이해

1. 노사관계관리의 개념

노사관계의 개념이 포함하는 범위는 매우 넓다. 예컨대 사회·경제적인 측면에서 자본가 계급과 근로자 계급의 대립에 관한 논의라든지, 노동조합의 법적 지위 내지는 노사관계 문제의 법률적 해결에 관한 것이라든지, 또는 여러 가지 차원에서의 노동운동에 관련된 이슈들이 제기될 수 있다.

그러나 이 장에서 취급하는 노사관계(labor relations)는 조직경영을 매개로 하여 성립되는 경영관리측면의 노사관계를 지칭하는 것이다.

따라서 사용자와 근로자와의 관계(또는 경영자와 근로자와의 관계)는 본래 타인인 근로자를 고용함으로써 성립된다.

즉 고용계약(contract of employment)과 함께,

첫째, 사용자(employer)와 근로자(employee)는 고용조건과 함께 거래관계가 성립되고 이해가 대립되는 관계이며, 이는 경영자-노동조합 관계이다.

둘째, 근로자는 고용계약을 통하여 조직의 구성원으로서 사용자의 방침, 계획, 명령 등에 따라 취업관계가 성립하게 된다.

이러한 취업관계는 사용자가 대가를 지불하고 그것에 의해 노동자가 일하는 협동관계 내지는 사용종속의 관계이며, 이는 경영자-근로자 관계이다.

노사관계관리는 노사관계에 있어서의 대립이 고용관계의 방해가 되지 않고 가급적 능률화의 논리가 관찰될 수 있도록 노사관계의 모든 면을 효율적으로 관리하는 것이다.

2. 노사관계의 정의

노사관계(labor relations)란 사용자와 근로자 또는 경영자와 근로자와의 관계를 말한다. 이 관계가 확장되어 경영자와 노동조합의 관계로 발전하게 되었으며 전략적 인적자원관리에 있어서 매우 중요한 관리 대상이 되고 있다.

노사관계관리(labor relations management)란 사용자 또는 경영자와 노동조합 사이의 상호이익을 위해 사용자와 근로자의 관계를 상호 합의하에 조직적으로 관리하는 것이다.

3. 노사관계의 특징

노사관계는 사용자와 근로자와의 관계이므로 아래와 같이 이중적인 특징이 있다.

① 협조적 관계 : 생산 측면 즉 부가가치창출을 위한 협력관계
　　대립적 관계 : 성과와 부가가치의 배분에 대한 대립관계
② 공식적 관계 : 근로자와 성과배분에 대한 공식적 교섭과 협상
　　비공식적 관계 : 노사 간의 교제, 문화, 체육, 오락 등의 활동관계
③ 경제적 관계 : 노동력 제공에 대한 경제적 보상
　　사회적 관계 : 조직 내에서의 사회적 관계 및 인간관계
④ 종속관계 : 사용자의 지휘, 명령에 순응 의무
　　대등관계 : 근로조건 설정과 운영에 대한 대등한 교섭과 고용계약체결권리가 있다.

4. 노사관계의 발전과정

1) 발전유형과 특징

노사관계는 역사적으로 고용주와 임금노동자가 고용조건의 결정을 중심으로 맺어진 개인적 관계가 영국의 산업혁명 이후 오늘날까지 각국에서 추진되어 온 산업화과정을 배경으로 성립되어 왔다.

이러한 노사관계의 역사적 발전과정을 단계적으로 알아보면 아래와 같이 전제적 노사관계, 온정적 노사관계, 근대적 노사관계, 현대적 노사관계로 구분할 수 있다.

| 그림 13-1 | **노사관계의 발전과정**

| 표 13-1 | **노사관계의 유형과 내용**

유형	내용
전제적 노사관계	• 19세기 초기까지 존재 • 권위주의적/독재적 성격 • 생산성 향상의 실패 • 근로자의 저항 초래 • 권위주의적 노사관계
온정적 노사관계	• 19세기 초기에서 약 1세기 동안 • 친권적/가부장적 성격 • 생산성 저하의 저지 • 노동조합형성운동의 저지 • 가족적 복리후생시설 마련 • 친권적 노사관계
근대적 노사관계	• 20세기 중반까지 • 협조적/타협적 성격 • 소유와 경영의 분리 • 노동조합형성과 발전단계 • 노동조합의 인정 • 복지증진과 의사소통수단으로 긴장완화

유형	내용
	• 노사 간의 긴장대립 완화 • 협조적 또는 완화적 노사관계
현대적 노사관계	• 20세기 후반부터 • 민주적/대등한 사회적 성격 • 자본주의 발전 • 기계의 자동화와 작업의 표준화 발전 • 여성인력 고용 증대 • 산업별 노동조합으로 발전 • 소유와 경영의 분리 • 전문경영자의 등장 • 민주적 단체교섭 • 민주적 노사관계

2) 현대적 노사관계의 발전방향

오늘날의 노사관계란 노사 간의 대립적인 관계에서 진일보하여 노사 협력의 관계형성을 위해 조직적이고 종합적으로 발전하고 있다.

노사관계 특징들의 이중성을 충분히 고려하여 현대적 노사관계의 발전을 도모하여야 하며 또한 노사 간의 목표달성을 위한 발전방향으로는

① 사회전체 및 노사의 이익증대 우선 고려
② 노사정의 인식전환 및 정신적 개혁의 필요성 인식
③ 근로자의 가치관과 행동양식 전환의 필요성 인식
④ 과학적 경영관리방식과 제도의 전환
⑤ 근로자의 투철한 직업의식
⑥ 정부의 중립적 위치 등을 들 수 있다.

제2절 **노동조합**

1. 노동조합의 정의

노동조합(labor union)이란 「노동조합 및 노동관계조정법」 제2조에서 "근로자가 주체가 되어 자주적으로 단결하여 근로조건의 유지·개선 및 기타 근로자의 경제적·사회적 지위의 향상을 위한 도모함을 목적으로 조직하는 단체 또는 연합단체"라고 정의하고 있다.

2. 노동조합의 목적

노동조합의 목적은 단체교섭(collective bargaining)을 통해 노동조건 즉 임금, 해고, 근로시간, 휴일, 휴가 등을 개선하기 위한 활동을 하며 또한 근로자의 권익을 보호하고 경제적인 도움을 주고자 하는 데 있다.

| 표 13-2 | **학자별 노동조합의 목적**

학자	정의
Megginson(1972)	인간사회의 평화와 번영, 평등과 안정 그리고 동등한 기회를 추구
Reynold(1982)	자체의 조직을 유지·운영하면서 근로자의 취업기회를 효율적으로 배분하고 직무조건을 개선하며 근로자의 인권을 보호할 수 있는 공정한 시스템의 개발
Yoder(1970)	전반적 복지향상과 경영층에게도 건설적으로 도전하여 조직의 생산성을 높임으로써 일반 사회복지에 기여

3. 노동조합의 기능

노동조합의 기능을 경제적, 공제적, 정치적 기능으로 구분하여 알아보면,

1) 경제적 기능(economic function)

조합원들의 경제적 이익과 권리를 보장하고 유지·개선하는 기능으로서, 예를 들면 근로시간의 단축, 작업환경개선, 복리후생 등이 이 기능에 포함된다.

2) 공제적 기능(mutual benefit function)

조합원들의 노동력이 일시적, 영구적으로 상실되는 경우를 대비하여 노동조합이 기금을 마련하여 상호 간의 공제활동을 하는 기능으로서, 예를 들면 병원의 건립 및 운영, 소비조합 운영, 장학제도, 연금지급, 실업에 대한 위로금과 생활원조 등이 이 기능에 포함된다.

3) 정치적 기능(political function)

노동관계법령의 제정과 개정, 세제, 사회보장제도, 기타 사회복지정책 등에 관한 노동조합의 정치적 활동은 근로자의 생활향상을 위해 필요한 기능으로서, 예를 들면 최저임금제도의 입법화, 사회보장 요구, 노사 간의 교섭과 분쟁조정 등이 이 기능에 포함된다.

4. 장단점

| 표 13-3 | **노동조합의 장단점**

장점	단점
일방적 인적자원관리에 대한 견제	조합원과 비조합 사이의 갈등 야기
협상에 의한 근로조건 향상	관리자와 조합원 간의 관계 불편
근로자 간의 소속감 고취	잦은 충돌로 인한 불안감 조성

5. 조직형태

조직형태는 경제, 경영여건, 근로자환경 등에 의해 아래와 같이 직업별, 산업별, 기업별, 일반 노동조합으로 구분할 수 있다.

| 표 13-4 | **노동조합의 조직형태**

구분	내용
직종별 또는 직업별 (craft union)	• 초기 노동조합의 형태 • 동일직종이나 동일직업에 종사하는 근로자들이 결성하는 노동조합 • 영국과 미국에서 시작(19세기 말~20세기 초) 　(예 : 인쇄공, 봉제공, 제화공 등) • 우리나라의 경우 : 의사회, 변호사회, 공인회계사회 등 　– 장점 : 강한 단결력 　– 단점 : 배타적이고 형평성 무시
산업별 (industrial union)	• 동종 산업에 종사하는 근로자들이 결성한 노동조합 　– 장점 : 기업과 직종을 초월한 거대조직으로 압력단체로서의 지위 　　확보, 산업별 교섭력의 통일성 유지 　– 단점 : 조직의 응집력 약화
기업별 (company union)	• 동일기업에 종사하는 근로자들이 결성한 노동조합 　– 장점 : 경영합리화를 위한 상호이해와 협력 증진 　– 단점 : 조합원 간의 연대의식 결여 • 노동조합 본연의 역할수행 어려움 • 어용노조로의 전락위험성
일반 (general union)	• 모든 미숙련 근로자들과 중소기업 근로자들이 결성한 노동조합 • 최저생활유지를 위해 결성된 단일노동조합

6. 가입방식에 의한 구분

1) 유니온 숍(union shop)

기업에 입사하게 되면 자동적으로 조합원이 되는 방식으로서, 노동조합원이 전체 근로자의 2/3 이상인 경우에 노사쌍방의 협약체결 시 가능한 방식이다.

2) 오픈 숍(open shop)

노동조합의 가입과 탈퇴가 자유로운 방식이다.

3) 클로즈 숍(close shop)

상호이해가 공통적인 모든 근로자를 조합에 가입시키고 조합원임을 고용조건으로 하는 노사 간의 협정방식이다.

4) 에이전시 숍(agency shop)

조합원의 신분이 아니더라도 모든 근로자에게 단체교섭의 당사자인 노동조합이 회비를 징수하는 방식이다.

7. 노사 간의 바람직한 관계유지

사용자와 노동조합 간에 바람직하고 생산적인 관계를 유지하기 위한 관리활동으로,

① 높은 상호신뢰와 노사문화의 정립
② 대등한 입장에서 효과적인 교섭으로 원만한 관계 유지
③ 전반적 단체교섭을 생산성 향상 방향으로 유도(임금협상, 취업규칙 재설정 등)
④ 효율적인 단체교섭내용 추구
⑤ 근로자 간의 형평성 추구 등을 들 수 있다.

제3절 노사관계제도

1. 단체교섭제도

1) 정의

단체교섭(collective bargaining)이란 노동조합의 대표자와 사용자 간에 근로조건과 작업조건의 유지 및 개선을 위해 이루어지는 교섭으로 정의할 수 있다.

이러한 단체교섭은 상대방을 인정하고 존중하며 대등한 입장에서 제3자의 간섭이나 강제를 배제하고 평화적인 방법에 의한 절차와 행위에 의해 이루어져야 한다.

| 표 13-5 | **노동 3권의 내용**

구분	내용
단결권	근로자가 근로조건을 개선하기 위해서 노동조합을 설립할 수 있는 권리
단체교섭권	노동조합의 대표자가 근무조건이나 임금개선을 위하여 사용자와 교섭할 수 있는 권리
단체행동권	태업 · 파업 등으로 사용자에게 대항할 수 있는 권리

2) 목적

단체교섭은 아래의 목적을 달성하기 위하여 평화적인 방법에 의한 절차와 행위에 의해서 이루어져야 한다.

① 근로자의 욕구충족과 불만의 조정기능
② 근로조건의 통일성 확립기능
③ 경영합리화에 기여기능
④ 공동체의식의 조성으로 노사협력의 조정기능 등을 목적으로 단체교섭이 이루어져야 한다.

3) 단체교섭대상과 단체교섭제외대상

단체교섭의 교섭대상과 교섭제외대상의 내용은 아래 〈표 13-6〉과 같다.

| 표 13-6 | 단체교섭대상과 단체교섭제외대상의 내용

단체교섭대상	단체교섭제외대상(경영권 측면)
임금	기업합병
근로시간	신기술 도입
취업장소	생산체제 개편
휴식	하도급 정책결정
휴일	인사권
휴가	재무관리(재정권)
퇴직	시장정책
해고기준	원·부자재 구매권
재해보상	판매가격결정권
휴게실	입지 등
구내식당	
복리후생 등	

단. 사용자의 고유권한인 경영권 관련사항은 단체교섭의 대상에서 제외된다.

4) 노동쟁의

(1) 정의

노동쟁의(labor dispute)란 단체교섭과정을 통해 노사 간의 근로조건의 결정이 합의에 이르지 못하고 이견의 폭을 줄이지 못할 경우에 사용자 또는 노동조합이 실력행사를 하는 것을 말한다.

이러한 실력행사의 종류로는 근로자 실력행사와 사용자 실력행사로 구분할 수 있는데,

첫째, 근로자 실력행사는 파업, 태업, 불매운동, 피케팅, 준법투쟁 등을 들 수 있으며,

둘째, 사용자 실력행사로는 직장폐쇄 등이 있다.

(2) 노동쟁의행위의 유형

가. 근로자의 주요 노동쟁의행위

㉮ 파업(strike) : 집단적 노동행위의 제공 거부

㉯ 태업(sabotage) : 의도적 작업능률 저하

㉰ 불매운동(boycott) : 제품구입과 시설이용 거절

㉱ 피케팅(picketing) : 정문출입 저지와 파업참여 호소

㉲ 준법투쟁(law-abiding policy) : 법규정의 범위 내에서 이루어지는 쟁의행위로 서 집단휴가, 초과근무거부, 정시출근, 정시퇴근 등

나. 사용자의 주요 쟁의행위

주요 쟁의행위로 직장폐쇄(lock-out)를 들 수 있다.

이러한 직장폐쇄는 노사 간의 의견이 불일치할 경우에 사용자가 근로자집단에 게 직장 또는 공장접근금지조치를 내리는 행위로서 근로자들의 노동력을 일시적 으로 거부하는 행위이다. 그러나 이러한 직장폐쇄는 노조의 쟁의행위에 대한 대 항수단으로만 사용할 수 있다.

2. 경영참여제도

1) 정의

경영참여제도는 근로자 또는 노동조합이 경영자와 공동으로 경영관리기능을 담당하고 수행하는 제도로서 우리나라에서는 1997년 3월 13일에 「근로자 참여 및 협력증진에 관한 법률」을 제정하여 경영참여제도를 더욱 발전시켜 나가고 있다.

이 제도가 확산된 배경으로는 근로자의 근로행위가 전문화되고 다양화됨에 따 라 다양한 근로행위에 대한 효율적 방안 등과 관련하여 그들의 의사를 발표하고 반영시킬 수 있게 되었기 때문이다.

2) 유형

경영참여제도의 유형으로는 크게 직접경영참여와 간접경영참여로 구분할 수 있다.

경영참여제도의 유형을 살펴보면 [그림 13-2]와 같다.

| 그림 13-2 | **경영참여제도의 유형**

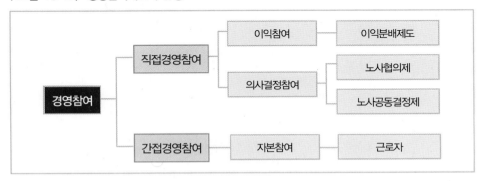

(1) 직접경영참여

가. 이익참여(profit participation)

이는 노동조합 또는 근로자들이 생산성 향상에 적극 참여한 대가로 매출에서 재료비와 제반 비용을 공제한 이익의 일부를 임금 이외의 형태로 근로자에게 분배해주는 제도이다.

나. 의사결정참여(decision-making participation)

이는 노동조합 또는 근로자들이 의사결정과정에 참여하여 최종적으로 의사결정권을 누가 가지느냐에 따라 노사협의제와 노사공동결정제도로 구분할 수 있다.

가) 노사협의제(labor participation)

단체교섭에서 취급하지 않는 사항에 대하여 노사가 상호이해하고 협조를 모색하는 제도이지만 경영에 영향을 미치는 사항에 대한 최종결정은 경영자가 한다.

나) 노사공동결정제(communal decision-making)

독일에서 시작된 제도로서 단체교섭에서 취급하지 않는 사항에 대한 최종의사결정을 노사공동의 합의에 의해 이루어지도록 한 제도이다.

(2) 간접경영참여

자본참여(capital participation)로서 자본의 일부를 근로자들이 출자하도록 하여 경영에 참여시키고자 하는 제도이며 이를 근로자지주제라고도 한다.

이러한 자본참여는 증자의 경우에 일정한 기준에 의거 산정된 신주를 인수하게 함으로써 근로자에게는 주인의식의 제고와 노사 간에는 일체감을 조성할 수 있다.

3) 경영참여방법의 종류

| 표 13-7 | **경영참여방법의 종류**

커뮤니케이션제도	생산현장참여제도
사보 발간 경영설명회 팀 및 부서단위 설명회 근로자 태도와 의식조사	근로자 제안제도 품질관리조 팀시스템 전사적 품질관리(TQM) 목표에 의한 관리(MBO)

(1) 커뮤니케이션제도(communication system)

노사 간 커뮤니케이션의 원활화는 경영참여의 기초 단위로 간주된다.

이는 노사신뢰를 바탕으로 형성된 정보의 제공은 어떠한 형태의 경영참여보다 더 효과가 있기 때문이다.

가. 사보 발간

조직이 제공하는 동향 소개와 근로자의 기고를 통해 경영의 흐름을 한눈에 알아볼 수 있도록 해주는 것이 사보이다.

이러한 사보는 대규모 서비스조직에서는 보편화되어 있으나 중·소규모 조직에서는 아직 보편화되어 있지 않는 실정이다.

나. 경영설명회

주요 경영정책, 인력운용계획, 경기전망 등 근로자의 주요 관심사항을 최고경영자가 직접 설명하고 질의·응답하는 시간을 정기적으로 갖는다면 정보에 대한 근로자의 궁금증이 해소되고 조직 전체를 이해할 수 있는 좋은 기회가 될 수 있다.

다. 팀 및 부서단위 설명회

전체 근로자를 대상으로 설명회를 자주 개최하는 것은 여러 제약이 따르게 된다. 이러한 제약을 해소하기 위해서 팀 및 부서단위의 설명회로 상하 간의 교량역할을 해줄 필요가 있다.

라. 근로자 태도와 의식조사

근로자의 태도 및 의식조사를 실시하는 빈도가 늘어나고 있는데 문제는 설문조사결과가 근로자 본인에게 얼마나 피드백 될 수 있느냐에 달려있다.

그러므로 조사 후에 그 결과를 근로자에게 알려주면 노사 간의 높은 신뢰관계가 형성될 수 있다.

(2) 생산현장참여제도

생산현장참여제도는 미국에서 활발히 논의되고 있는 근로자참여제도의 한 방법이다.

코찬(Kochan) 교수 등은 근로자 참여단계를

① 생산현장단계
② 단체교섭단계
③ 전략적 의사결정단계의 3단계로 구분하고 있다.

대부분의 나라에서 근로자 참여로는 생산현장참여제도가 주류를 이루고 있으며 이는 생산방식의 변화에 큰 원인이 되고 있다.

조직의 경쟁력은 생산현장에 있는 근로자들을 인재로 교육·훈련시키고 또한 조직으로의 몰입도를 증대시켜줌으로써 조직만족도를 높일 수 있다는 인식이 널리 퍼져가고 있다.

이러한 이유들로 인하여 생산현장 참여의 중요성이 더욱 강조되고 있는 것이다.

가. 근로자 제안제도(suggestion system)

다품종 소량생산 체제하에서는 근로자의 개성과 창의성이 존중되어야 하며 또한 자기가 수행하고 있는 업무를 보다 창의적으로 수행하기 위하여 여러 가지 제안을 할 수 있어야 한다. 담당업무 이외의 근로자관리 및 복지 등 일반사항까지도 제안제도를 활용할 수 있어야 한다.

최근에는 컴퓨터의 발달로 인하여 근로자들이 각종 제안제도를 적극 활용할 수 있도록 여건을 조성해주고 있다.

나. 품질관리조(quality control circle)

이는 생산과 품질관리활동을 자주적으로 실천하는 작은 그룹을 가리킨다.

품질관리조는 미국의 품질관리학자인 데밍(W. E. Deming) 박사의 영향을 받은 일본이 꽃 피운 관리기법이다. 즉 일본이 미국의 아이디어를 받아들여 발전시키고 세계적으로 확산시킨 관리기법인 것이다.

최근에는 미국에서 논의되고 있는 품질관리조도 일본의 경쟁력에 위협을 느낀 미국기업들이 일본으로부터 역수입한 형태이다.

다. 팀시스템(team system)

팀시스템은 공동의 목표를 가진 근로자들이 시너지(synergy)효과를 얻기 위해 만든 유연한 조직을 의미한다.

팀시스템은 전통적인 부·과제로는 급변하는 경영환경에 능동적으로 대응할 수 없다는 인식하에서 상황변화에 탄력적으로 적응하기 위해서 생성된 제도이며 자율성의 허용정도에 따라 여러 가지 형태로 운영될 수 있다.

자율적 팀시스템(self-directed team system)은 소수의 근로자로 구성된 소집단에게 생산운영에 관한 광범위한 재량권을 부여하여 경영에 참여시키는 형태이다.

라. 전사적 품질관리(total quality management: TQM)

이는 '전사적으로 품질을 관리하면 고객만족으로 인하여 매출이 증가하고 이익이 실현된다'고 하는 경영이념을 관철시키는 총체적 품질관리활동이다.

즉 전사적 근로자가 작업 공정에서뿐만 아니라 조직경영 전반에 대한 문제인식과 문제해결, 자료수집 및 의사결정, 리더십과 집단토의기법 등의 교육훈련을 지속적으로 받는다면 품질개선 및 향상으로 조직이 추구하는 목표가 이루어질 수 있다는 제도이다.

마. 목표에 의한 관리(management by objective: MBO)

근로자 개인이 무엇을 언제까지, 어느 정도 달성할 것인지 하는 목표를 사전에 설정하여 그 목표를 달성함으로써 조직의 목표를 달성토록 하는 관리방식이다. 이 방식은 1960년 미국에서 최초로 실시된 것으로 이후 일본, 유럽 등의 선진국 조직뿐만 아니라 우리나라 조직에서도 광범위하게 도입되어 큰 성과를 거두고 있다.

이 방식의 특징은 개인의 목표를 부문의 목표, 조직의 목표와 결부시켜 체계화하고 있다는 점이다. 즉 상사와의 협의·조정을 통해 구체적인 업무가 부과되기 때문에 목표의 설정에서부터 평가에 이르기까지의 업무수행과정을 명확하게 파악할 수 있다.

그러므로 이 방식은 종래의 관리방식에다 근로자의 근로의욕 향상을 제고시키기 위해 행동과학적 관리방식을 결부시킨 것이다. 그러나 형식적인 운영으로 끝나지 않도록 정기적인 확인이 필요하다.

3. 노사관계관리의 합리적 방향

노사관계는 경영자와 근로자 간에 구체적인 근로조건이나 생활조건을 둘러싸고 이루어지는 대립적인 사회적 관계이다.

현대적 노사관계관리의 입장에서는 이러한 대립관계를 인정하지만, 그 대립을 가능한 한 교섭이나 협의에 의해서 조정·완화시켜 근로질서를 유지할 필요가 있다.

오늘날의 노사관계관리란 노사 간의 대립적 관계를 노사협력의 관계로 전환하는 것을 목적으로 하는 조직적이고 종합적인 일련의 활동이라고 할 수 있다.

따라서 현대적 의미의 노사관계관리는 노사가 상호 간에 대등한 협력자로서 존중하고 여러 가지 대립을 보다 높은 차원의 조화로 승화시켜 나갈 필요가 있다.

그러므로

① 공정하고 합리적인 인적자원관리를 통한 상호신뢰 형성
② 노사관계 조정에 필요한 모든 제도의 합리적 설정
③ 단체교섭기술 등의 모든 조건이 상호 간의 합의가 이루어졌을 때 비로소 노사관계관리의 합리적 방향이 제시될 수 있다.

호텔리어의 기본자세

호텔리어의 기본자세로서 6가지(BEAUTY)를 들 수 있다.

첫째, *Beautiful*은 외모와 복장의 청결을 의미하며

둘째, *Emotion*은 감성 즉 마음 깊은 곳에서 우러나오는 진심 어린 고객서비스의 제공을 의미하며

셋째, *Attention*은 호텔리어의 태도와 주의력을 의미하며

넷째, *Uniformity*는 일관적이고 통일되게 서비스를 제공하여야 하며

다섯째, *Techniques*는 관련 기술과 지식을 의미하며

여섯째, *Yes*는 항상 긍정적인 마인드로 서비스를 제공한다는 것이다.

위의 6가지 기본자세를 잘 갖추어 접객서비스를 제공하면 고객만족과 감동으로 상호작용적인 관계가 형성되어 호텔기업의 발전에 밑거름이 될 수 있다.

고품격 수준의 서비스 구성요소(7가지)

S = sincerity, speed & simple : 상냥한 미소와 신속성과 진실성

E = energetic : 활기차게

R = responsible : 책임있게

V = valuable : 가치있게, 귀중하게

I = impressive : 인상깊게

C = communicative : 상호 의사전달하는

E = entertainable : 진심 어린 환대 등으로 인하여 서비스의 품질수준이 결정된다. 높은 수준의 서비스는 고객을 만족하게 하고 또한 고객을 감동하게 하는 중요한 요인이다.

데일 카네기 저 『카네기 성공론』

오늘만은

1. 오늘만은 행복하게 지내자. 링컨은 "대부분의 사람은 자기가 행복하고자 결심한 만큼 행복하다"라고 했다. 나의 행복은 나의 내부로부터 오는 것이지, 외부로부터 오지 않기 때문이다.

2. 오늘만은 나를 현실에 적응시켜 보자. 사업, 가족, 행운 등 현실을 있는 그대로 받아들이고, 그것을 나에게 적응시켜 보자.

3. 오늘만은 나의 몸을 돌보자. 몸을 아끼고, 운동을 하고, 영양을 섭취하자. 나의 몸을 혹사시키거나 몸의 상태를 무시하지 말자.

4. 오늘만은 나의 마음을 굳게 가져보자. 어떤 것이든 유익한 것을 배워 정신적으로 풍부한 사람이 되겠다. 노력, 사고, 집중을 요하는 책을 읽어 보자.

5. 오늘만은 세 가지 방법으로 나의 정신을 훈련시키자. 다른 이들 모르게 유익한 일을 해 보겠다. 훈련을 위해 최소 두 가지의 하고 싶지 않았던 일을 해보자.

6. 오늘만은 유쾌하게 지내자. 가능한 활발하게 보이고, 되도록 어울리는 복장을 입고, 조용히 이야기하고 예의 바르게 행동하며, 마음껏 다른 사람들을 칭찬해 보자. 남을 비판하지 말고, 꾀를 부리지 말고, 다른 사람을 꾸짖지 않겠다.

7. 오늘만은 하루를 정성껏 살아보자. 삶의 모든 문제를 단번에 결판내려 하지 말자. 그러나 평생 도저히 감당하기 어려울 것 같은 문제를 마음을 내어 열두시간 만에 해치워 보자.

8. 오늘만은 하루 일정표를 작성해 보자. 매시간 해야 할 일을 기록하자. 혹 그대로 되지 않을지언정 시도해보자. 그러면 주저하는 나쁜 습관을 고칠 수 있을 것이다.

9. 오늘만은 30분이라도 조용히 혼자서 휴식할 시간을 가져 보자. 그러면 내 삶에 대한 올바른 인식을 가질 수 있을 것이다.

10. 오늘만은 두려워하지 말자. 특히 행복해지는 것에 대해 두려워하지 않고, 사랑하는 것을 겁내지 않을 것이며, 내가 사랑하는 것들이 또한 나를 사랑해 주리라고 믿어 보리라.

유쾌하게 생각하고 유쾌하게 행동한다면, 유쾌해질 것이다.

참고문헌

1. 국내문헌

강정대, 현대인사관리론, 세영사, 1996.

김경환, 호텔경영학, 현학사, 2006.

김의근 외, 호텔경영학원론, 백산출판사. 2013.

김이종·이규태, 인적자원관리, 새로미, 2014.

김성수, 혁신적 인적자원관리, 탑북스, 2010.

김종규, 관광호텔의 효율성 평가에 관한 실증적 연구, 1993.

김충호·원융희, 호텔조직인사관리, 대왕사, 1995.

박광량, 조직혁신: 조직개발적 접근, 경문사, 1994.

박우성·양재완(2020), 인공지능 시대의 지속 가능한 인재관리 전략, Krorea Business
　　　　Review 24(신년 특별호), 2020.1, pp. 189-209.

배종석, 사람기반 경쟁우위를 위한 인적자원관리론, 홍문사, 2006.

서울대학교 경영연구소 편, 경영핸드북, 서울대학교 출판부, 1983.

송병식, 창조적 인적자원관리, 서울: 청람, 2008.

신강현, 호텔인적자원관리론, 형설출판사, 2004.

신유근, 인사관리, 경문사, 1982.

신유근, 조직행위론, 다산출판사, 1994.

안대희 외, 호텔인적자원관리, 백산출판사, 2012.

안태호, 경영키포인트, 대하출판사, 1975.

양운섭, 경영관리론, 형설출판사, 1993.

양혁승, 전략적 인적자원관리, 인사관리연구, 제26집, 2002.

오종석, 인사관리, 삼영사, 1990.

오종석, 인적자원관리, 삼영사, 1996.

워커힐 호텔 노동조합 임금자료, 2013.

유기현, 인간관계론, 무역경영사, 1992.

윤영미, 호텔경영입문, 1996.

이순구·서원석, 호텔인사관리론, 2005.

이승영·박영배, 비교경영론, 법문사, 1995.

이학종, 경영혁신과 조직개발, 법문사, 2003.

이학종 · 양혁승, 전략적 인적자원관리, 도서출판 오래, 2013.

이학희, 인적자원관리론, 대명출판사, 2004.

임창희 · 홍용기, 비즈니스 커뮤니케이션, 한올출판사, 2001.

정종신 · 이덕로, 신노사관계론, 법문사, 2007.

정종진 · 이덕로, 인적자원관리, 1996.

최중태, 현대인사관리론, 박영사, 1988.

한국경영자총연합회, 신인사고과사례집, 1995.

한국노동연구원, 우리나라의 임금, 1997.

황대석, 인사관리, 박영사, 1986.

2. 국외문헌

中山三郎 · 本多壯一, 例解人事勞動の管理と診斷, 同友館, 1976.

A. Langsner and H. G. Zollistch, Wage and Salary Administration, 2nd(ed.), Cincinnati Ohio: South-Western, 1970.

C. Argyris, The Individual and Organization: Some Problems of Mutual Adjustment, Administrative Science Quarterly, pp. 1–24, 1957.

C. R. Dooley, training Within Industry in the United States, International Labor review, Vol. 54, No. 6.

D. S. Beach, Personnel: The management of peoples at work, Macmillem, 1975.

D. W. Belcher, Wage and Salary Administration, Englewood Cliffs, N. J.: Prentice-Hall, 1972.

E. H. Burack & Smith, R. D., Personnel Management; A Human Resource3 System Approach, NY. West Publishing, 1977.

E. Hoffman, Psychological testing at work, New York: McGraw-Hill, 2002.

F. Herzberg, One More Time: How Do You Motivate Employees? Harvard Business Review, 46(1), pp. 53–62, 1968.

Harvard Business Review, Employee motivation, Jul-Aug., 2008.

J. R. Hackman & G. R. Oldman, Motivation through the design of work; Test of a theory, Organizational Behavior and Human Performance, 16, pp. 250–279, 1980.

M. E. Brown & L. K. Trevino, Socialized charismatic leadership, values congruence & Deviance in work groups, Journal of Applied Psychology, 91(4), pp. 954–962, 2006.

M. Van Wart, Dynamics of leadership in public service: theory and practice, New York: M. E. Sharp, 2005.

P. C. Smith and M. J. Murph, Job Evaluation and Employee Rating, New York: McGraw-Hill, 1946.

R. A. Noe, J. R. Hollenbeck, B. Gerhart, P. M. Wright, Fundamentals of Human resource management, NY: McGraw-Hill, 2004.

R. Blake & R. Mouton, A Second Breakthrough in Organization Development, California Management Review, 10(2), pp. 73~78, 1968.

R. C. Davis, The Fundmentals of top Management, N.Y.: Haper and Row, 1951.

S. E. Jackson & R.S. Schuler, Managing human resource through strategic partnership, 8th ed., South-Western, 2003.

T. A. Kochan, How American Workers View Labor Unions, Monthly Labor Review(April), pp. 23~31, 1979.

W. L. French, The Personnel Management Process, 6th(ed.), 1987.

3. 국내 · 외 사이트

http://www.cyworld.com

http://www.daum.net

http://www.naver.com

http://seoulgrand.hyatt.kr

http://www.hbsp.harvard.edu

http://www.personality.org

http://www.renaissance-seoul.com

http://www.hilton.co.kr

http://www.walkerhill.co.kr

http://blog.naver.com/150172349351

http://blog.naver.com/130187089764

http://www.bhgoo.com

http://blog.daum.net/blog/BlogTypeView.do?blogid

http://blog.naver.com/150140777036

http://blog.naver.com/rkfka5135/120209964771

http://blog.naver.com/110145044027

http://blog.naver.com/140155206965

http://blog.naver.com/140041825630

http://kin.naver.com/open100/detail.nhn?dlid=11&dirId=1112&docId

http://dc3.cafe.daum.net/filefilter/convert/1/0/cafe/cfile270/19/1FEA194A

https://www.globalsources.com/

﹕ 저자소개

김의근

- Florida International University 호텔 · 외식경영학 석사
- 아주대학교 경영학 박사
- 전) 동아대학교 국제관광학과 교수

선동규

- Florida International University 호텔 · 외식경영학 석사
- 동아대학교 경영학 박사
- 전) 동아대학교 국제관광학과 초빙교수

추승우

- 동의대학교 스마트호스피탈리티학과 학과장
- 동의대학교 호텔컨벤션학과 교수
- 동아대학교 관광경영학 박사

배금련

- 동아대학교 관광경영학 박사
- 전) 동아대학교 겸임교수
  소상공인시장진흥공단 부산중부센터장

박선주

- 동아대학교 관광경영학 박사
- 전) 동아대학교 관광경영학과 강사
  경성대학교 호텔관광경영학과 강사

이철우

- 동아대학교 강사
- 부산여자대학교 강사
- 동아대학교 관광경영학 박사

배소혜

- 부산대학교 법률상담소 · 리걸클리닉센터 근무
- 부산대학교 관광컨벤션학과 박사과정(2021년 9월 입학 예정)
- 동의대학교 호텔 · 관광 · 외식경영학과 석사

저자와의
합의하에
인지첩부
생략

호스피탈리티 인적자원관리론

2015년 1월 30일 초 판 1쇄 발행
2021년 8월 20일 제2판 1쇄 발행
2024년 8월 31일 제2판 2쇄 발행

지은이 김의근 · 선동규 · 추승우 · 배금련 · 박선주 · 이철우 · 배소혜
펴낸이 진욱상
펴낸곳 백산출판사
교 정 박시내
본문디자인 오행복
표지디자인 오정은

등 록 1974년 1월 9일 제406-1974-000001호
주 소 경기도 파주시 회동길 370(백산빌딩 3층)
전 화 02-914-1621(代)
팩 스 031-955-9911
이메일 edit@ibaeksan.kr
홈페이지 www.ibaeksan.kr

ISBN 979-11-6639-176-7　93980
값 30,000원